贵州省文化和旅游厅《黔菜标准

职业教育烹饪专业教材　黔菜全

黔菜标准

第1辑　黔菜基础/传统黔菜

主　编　吴茂钊　刘黔勋　杨　波

重庆大学出版社

内容提要

贵州省文化和旅游厅《黔菜标准体系》编制成果《黔菜标准》1—3辑，汇编了黔菜基础（4个）/传统黔菜（18个）、时尚黔菜（10个）/新派黔菜（8个）、贵州小吃（17个），五大类共计57个团体标准，其中4个基础标准对黔菜概念和分类进行系统性概述，并定义黔菜术语、英译规范和服务规范；53个烹饪技术规范对黔菜代表菜品的原料、制作工艺、感官要求、最佳食用时间等方面提供了标准。本书是行业企业黔菜标准蓝本，作为职业教育烹饪专业教材，以教育起点全面推广黔菜，同时纳入黔菜全民教育黔菜标准版教材，完善和引领黔菜高质量发展。本书可作为中职中餐烹饪专业、高职专科烹饪工艺与营养、高职本科烹饪与餐饮管理、大学本科烹饪与营养教育专业教材，烹饪类专业社区教育、职业培训教材，也可作为中职、高职专科、高职本科和大学本科旅游、酒店类饮食文化和菜点知识辅助教材，同时作为学校营养餐、家庭营养餐、社会餐饮从业人员、研究人员和旅游者的参考书。

图书在版编目（CIP）数据

黔菜标准. 第1辑，黔菜基础／传统黔菜／吴茂钊，刘黔勋，杨波主编. -- 重庆：重庆大学出版社，2023.6

ISBN 978-7-5689-3404-6

Ⅰ. ①黔… Ⅱ. ①吴…②刘…③杨… Ⅲ. ①菜谱－贵州－高等职业教育－教材 Ⅳ. ①TS972.182.73

中国版本图书馆CIP数据核字（2022）第112733号

职业教育烹饪专业教材
黔菜全民教育黔菜标准版
黔菜标准
第1辑　黔菜基础/传统黔菜
主　编　吴茂钊　刘黔勋　杨　波
策划编辑：沈　静
责任编辑：夏　宇　　版式设计：博卷文化
责任校对：邹　忌　　责任印制：张　策
*
重庆大学出版社出版发行
出版人：饶帮华
社址：重庆市沙坪坝区大学城西路21号
邮编：401331
电话：（023）88617190　88617185（中小学）
传真：（023）88617186　88617166
网址：http：//www.cqup.com.cn
邮箱：fxk@cqup.com.cn（营销中心）
全国新华书店经销
重庆长虹印务有限公司印刷
*
开本：889mm×1194mm　1/32　印张：7.5　字数：203千
2023年6月第1版　2023年6月第1次印刷
印数：1—3 000
ISBN 978-7-5689-3404-6　定价：99.00元（全3册）

《黔菜标准》编委会

《黔菜标准》组织机构

提出单位：

贵州省文化和旅游厅

贵州省商务厅

归口单位：

贵州旅游协会

起草单位：

贵州轻工职业技术学院

联合起草单位：

贵州轻工职业技术学院黔菜发展协同创新中心

贵州大学后勤管理处饮食服务中心

绥阳县黔厨职业技术学校

国家级秦立学技能大师工作室

贵州省吴茂钊技能大师工作室

贵州省张智勇技能大师工作室

省级・市级钱鹰名师工作室

省级孙俊革劳模工作室

黔西南州商务局

三穗鸭产业发展领导小组办公室

黔西南州饭店餐饮协会

遵义市红花岗区烹饪协会

贵州酒店集团有限公司・贵州饭店有限公司

贵州雅园饮食集团・新大新豆米火锅（连锁）・雷家豆腐圆子（连锁）

贵州亮欢寨餐饮娱乐管理有限公司（连锁）

贵州龙海洋皇宫餐饮有限公司・黔味源

贵州黔厨实业（集团）有限公司

贵州盗汗鸡实业有限公司

贵阳仟纳饮食文化有限公司·仟纳贵州宴（连锁）
贵阳四合院饮食有限公司·家香（连锁）
贵州怪噜范餐饮管理有限公司（连锁）
贵阳大掌柜辣子鸡黔味坊餐饮
遵义市冯家豆花面馆（连锁）
闵四遵义羊肉粉馆（连锁）
息烽县叶老大阳朗辣子鸡有限公司（连锁）
贵州胖四娘食品有限公司
贵州吴宫保酒店管理有限公司
红花岗区蕞品黔味盬子鸡馆
贵州夏九九餐饮有限公司·九九兴义羊肉粉馆（连锁）
黔西南晓湘湘餐饮服务有限公司
兴义市老杠子面坊餐饮连锁发展有限公司
兴仁县黔回味张荣彪清真馆
晴隆县郑开春餐饮服务有限责任公司·豆豉辣子鸡
贵州鼎品智库餐饮管理有限公司
贵州圭鑫酒店管理有限公司
贵阳大掌柜牛肉粉（连锁）
贵州黔北娄山黄焖鸡餐饮文化发展有限公司
遵义张安居餐饮服务有限公司
贵州君怡餐饮管理服务有限公司
兴义市追味餐饮服务有限公司（连锁）
贵州刘半天餐饮管理有限公司
三穗县翼宇鸭业有限公司
三穗县美丫丫火锅店
三穗县食为天三穗鸭餐厅

目　录

ICS 67.020
CCS H 62

T/QLY

团 体 标 准

T/QLY 001—2021

黔菜标准体系

Guizhou Cuisine Standard System

2021-09-28发布 2021-10-01实施

贵州旅游协会 发布

目 次

前　言

本文件按照 GB/T 1.1—2020《标准化工作导则　第1部分：标准化文件的结构和起草规则》的规定起草。

本文件由贵州省文化和旅游厅、贵州省商务厅提出。

本文件由贵州旅游协会归口。

本文件起草单位：贵州轻工职业技术学院、黔菜发展协同创新中心、黔西南州商务局、三穗鸭产业发展领导小组办公室、黔西南州饭店餐饮协会、遵义市红花岗区烹饪协会、绥阳县黔厨职业技术学校、贵州大学后勤管理处饮食服务中心、贵州鼎品智库餐饮管理有限公司、贵州雅园饮食集团·新大新豆米火锅（连锁）·雷家豆腐圆子（连锁）、贵州圭鑫酒店管理有限公司、贵州黔厨实业（集团）有限公司、贵阳仟纳饮食文化有限公司·仟纳贵州宴（连锁）、贵州龙海洋皇宫餐饮有限公司·黔味源、贵州亮欢寨餐饮娱乐管理有限公司（连锁）、贵阳四合院饮食有限公司·家香（连锁）、贵州怪噜范餐饮管理有限公司（连锁）、贵州酒店集团有限公司·贵州饭店有限公司、贵州盗汗鸡餐饮策划管理有限责任公司、贵州吴宫保酒店管理有限公司、息烽县叶老大阳朗辣子鸡有限公司、贵阳大掌柜辣子鸡黔味坊餐饮（连锁）、贵阳大掌柜牛肉粉（连锁）、遵义市冯家豆花面馆（连锁）、闵四遵义羊肉粉馆（连锁）、红花岗区莪品黔味醯子鸡馆、遵义张安居餐饮服务有限公司、兴义市追味餐饮服务有限公司（连锁）、贵州君怡餐饮管理服务有限公司、贵州夏九九餐饮有限公司·九九兴义羊肉粉馆（连锁）、晴隆县郑开春餐饮服务有限责任公司·豆豉辣子鸡、兴仁县黔回味张荣彪清真馆、贵州刘半天餐饮管理有限公司、贵州胖四娘食品有限公司、兴义市老杠子面坊餐饮连锁发展有限公司、三穗县翼宇鸭业有限公司、三穗县美丫丫火锅店、三穗县食为天三穗鸭餐厅、国家级秦立学技能大师工作室、贵州省吴茂钊技能大师工作室、贵州省张智勇技能大师工作室、省级孙俊革劳模创新工作室、省级·市级钱鹰名师工作室。

本文件主要起草人：吴茂钊、徐楠、杨丽彦、黄涛、杨学杰、吴文初、杨欢欢、肖喜生、王涛、任艳玲、李翌婼、夏雪、潘正芝、范佳雪、吴疏影、庞学松、黄永国、古德明、张乃恒、刘黔勋、杨波、洪钢、胡文柱、陆文广、王文军、张智勇、雷建琼、王祥、张建强、龙凯江、娄孝东、刘海风、潘绪学、高小书、王利君、梁伟、钱鹰、欧洁、陈克芬、何花、杨娟、任玉霞、冯其龙、龙会水、郑火军、刘公瑾、关鹏志、谢德弟、郝黔修、任亚、邓一、樊嘉、雷鸣、朱永平、吴泽汶、俸千惠、胡林、王德璨、徐启运、樊筑川、雁飞、宋伟奇、吴笃琴、黎力、李兴文、罗洪士、黄长青、陈英、叶春江、曾正海、秦立学、孙俊革、付立刚、李永峰、梁建勇、丁振、丁美洁、杨绍宇、蔡林玻、郭茂江、孙武山、夏飞、郑开春、张荣彪、陈江、黄进松、林茂永、刘畑吕、马明康、万青松、涂高潮、邬忠芬、郭恩源、冉雪梅、蒲德坤、魏晓清、胡承林、李昌伶、刘宏波、叶刚、舒基霖、周俊。

黔菜标准体系

1 范围

本文件规定了黔菜标准体系涉及的术语和定义、黔菜标准体系表。

本文件适用于贵州旅游、餐饮行业中的饭店、酒店和餐饮休闲服务机构，烹饪教育与培训教材。

2 规范性引用文件

下列文件中的内容通过文中的规范性引用而构成本文件必不可少的条款。其中，注日期的引用文件，仅该日期对应的版本适用于本文件；不注日期的引用文件，其最新版本（包括所有的修改单）适用于本文件。

GB/T 13016《标准体系表编制原则和要求》

GB/T 13017《企业标准体系表编制指南》

GB/T 15496《企业标准体系要求》

GB/T 15497《企业标准体系技术标准体系》

3 术语和定义

本文件没有需要界定的术语和定义。

4 黔菜概述

4.1 黔菜

具有贵州本土风味特点的菜肴食品，是贵州各族人民在长期生存繁衍过程中的饮食经验积累，贵州各族勤劳的人民所创制的菜品。它不仅维系了人的生命，而且支撑和推动着社会经济的发展；在制作过程中形成的生产加工、交换消费、组配品食等独具个性和特色的文化，成为多彩贵州风一个重要组成部分。在丰富多彩的中国地方风味流派菜系中，黔菜因独特的地域环境、人文生态、民族风情影响而具有和、醇、辣、酸的个性特征。

贵州是一个移民大省，有上千年的移民历史。多元文化的延续交融，塑造了黔菜的广谱性、适应性和风味融合特质。黔菜的和，指的是和润适口，和合自然，这也是黔菜重要的优势。贵州得天独厚的地理环境、丰富的高原生态食材，熔铸了黔味的纯鲜和醇香，使黔菜天然地具有以醇为特征的另一优势。贵州是历史上最早食用辣椒的省份，被誉为“中国辣椒之乡”，贵州人民对辣味的理解和运用别具一格；在糟辣、煳辣和糍粑辣的烹制、调味上独树一帜，辣香是黔菜重要特征之一。贵州是多民族聚居的大省，富有多彩的民族风情，各民族创制的红、白酸汤等多酸美食，是黔菜独有的美味，“中国酸汤之冠”实至名归。和合、醇鲜、酸爽、辣香是黔菜的个性，是黔菜天生丽质的天然亮点，是黔菜跻身竞争行列的重大优势。

黔菜大致包含三个风味支系，黔南、黔东南、黔西南民族风味浓郁；黔中贵阳、贵安、安顺、六盘水因地处交通要道及多次历史移民，其融合影响较大，技法和菜式中融合特征比较明显；黔北遵义、毕节、铜仁汉族众多，又与川菜有着广泛交流，民俗汇聚，家常美味比较多。黔菜由传统黔菜、时尚黔菜、新派黔菜和贵州小吃组成。

4.2 传统黔菜

在贵州市场和民间传承了几十年甚至上百年，大众认知度和偏好度都非常高的菜肴食品。传统黔菜主要运用传承的烹饪方式、技法进行烹制，食材和调味料也大多以当地物产为主，菜式、口味符合当地大众喜好及文化需求，其菜式、食材、风味、味型及技法等皆已基本成熟并定型，作为贵州餐饮消费市场的主流风味，它也成为新派黔菜和时尚黔菜的基础及源泉。

4.3 时尚黔菜

黔菜符合当下流行风尚的新菜式、新风味。时尚黔菜是通过对传统黔菜开展升级、改良和变革，在市场上最新创造出来的符合新潮流、新需求的一些新黔菜。时尚黔菜以时尚为主要特征，讲究文化与体验，变化灵活，菜式新颖美观，但又不失贵州地域特色和饮食文化色彩。

4.4 新派黔菜

在传统黔菜发展过程中涌现出来的一种新现象、新风貌和新形态。新派黔菜最大的特征就是一个新字，包括新近出现的创新成果、新技法、新食材、新发掘、新发明、新形态、新样式等。在新派黔菜中引进其他菜系和其他地方的烹饪工艺、食材及调味品，实现黔料外烹、外料黔烹的创新现象比较集中和突出。由于贴近市场，贴近时代消费新潮流，因此，新派黔菜已经逐渐成为黔菜市场重要的风向标。

4.5 贵州小吃

源于民间，源于大众，常用做早餐、夜宵、宴席席点，以及茶余饭后休闲遣兴的点心、小吃，具有比较鲜明的个性。贵州小吃浓缩了黔菜小中见大，以朴博华，以约博繁的特质。

5 黔菜标准体系表

5.1 编制原则

黔菜标准体系表的编制应符合GB/T 13016、GB/T 13017、GB/T 15496、GB/T 15497技术标准体系的要求。

5.2 黔菜标准体系总结构

标准体系总结构见图1。

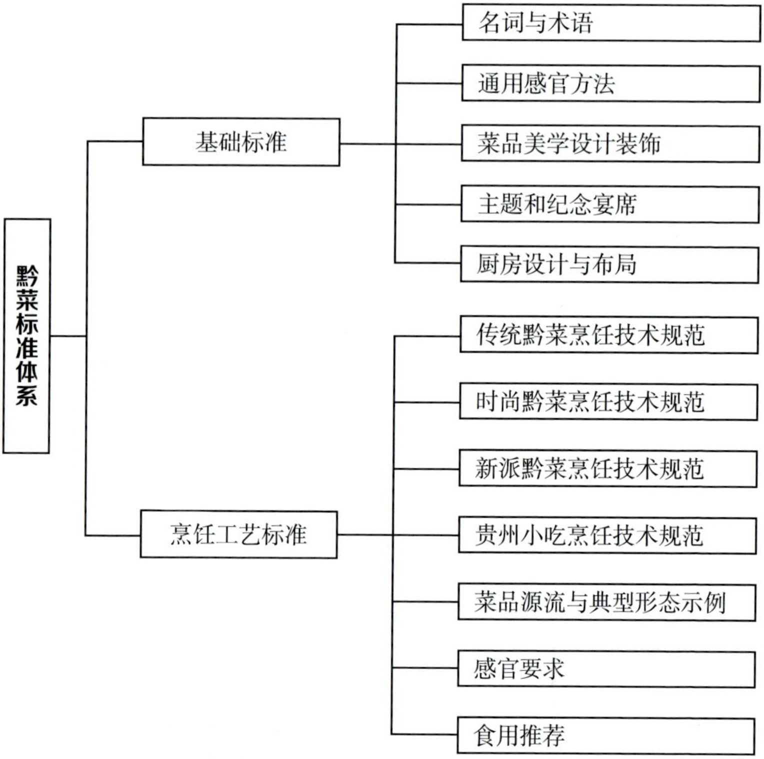

图1 标准体系总结构

5.3 烹饪工艺标准

烹调标准结构见图2。

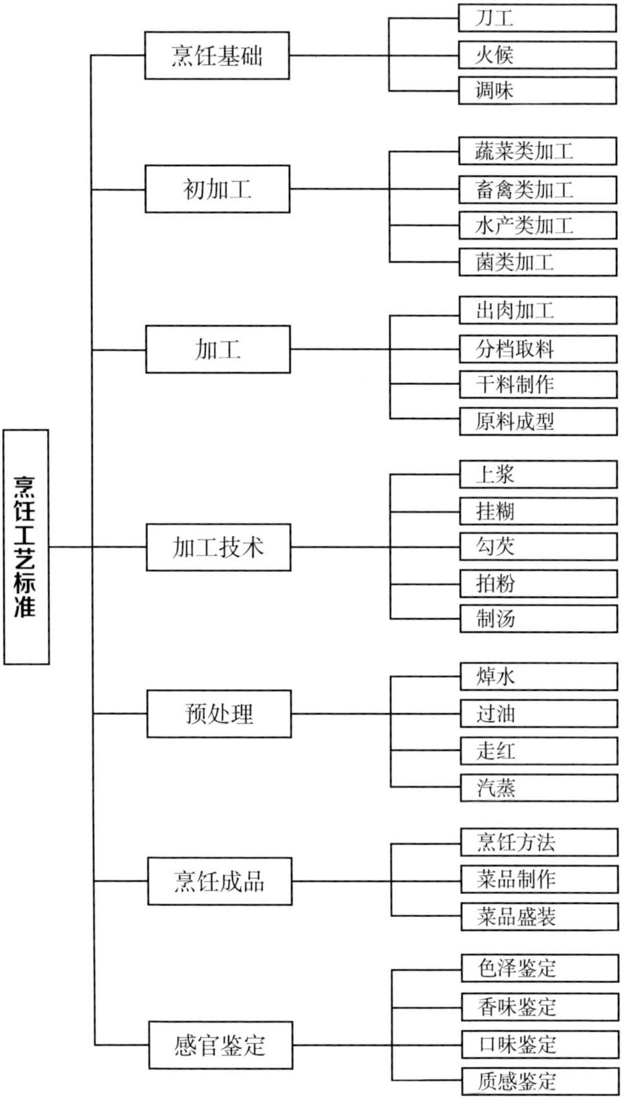

图2　烹调标准结构

5.4　烹饪方法标准

烹饪方法标准结构见图3。

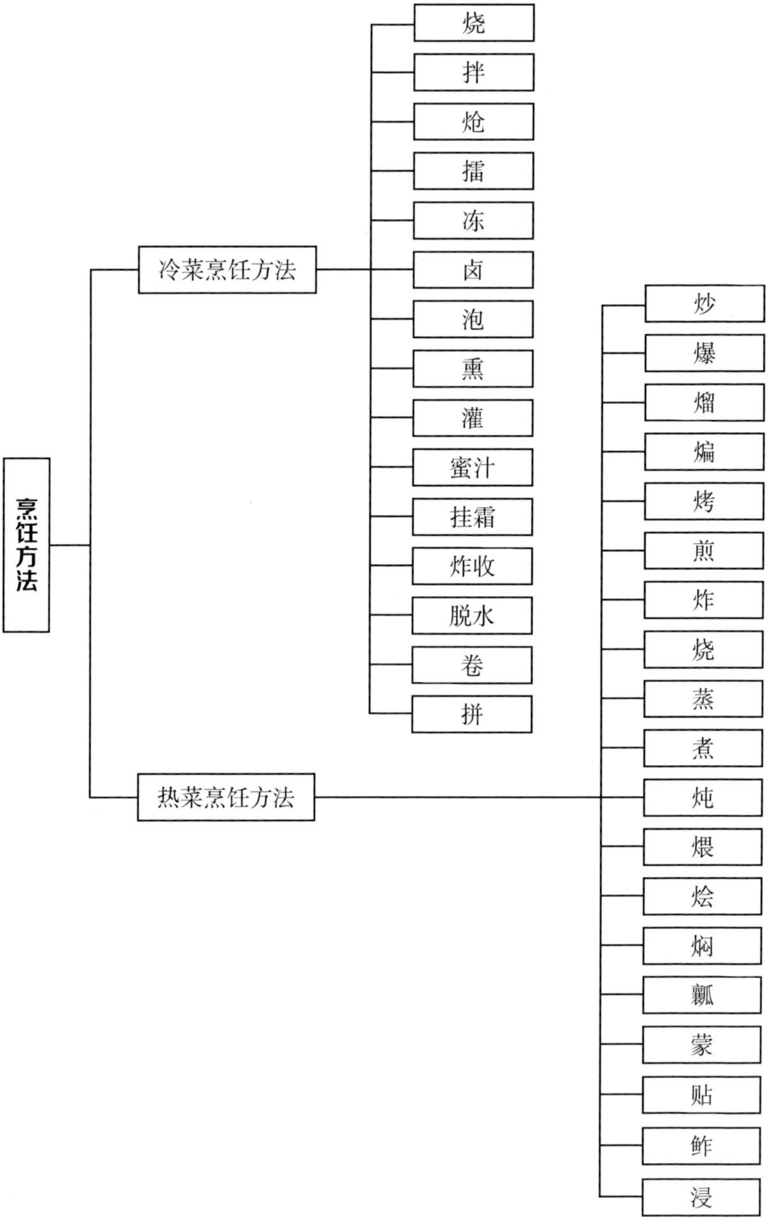
烹饪方法
冷菜烹饪方法
烧
拌
炝
擂
冻
卤
泡
熏
灌
蜜汁
挂霜
炸收
脱水
卷
拼
热菜烹饪方法
炒
爆
熘
煸
烤
煎
炸
烧
蒸
煮
炖
煨
烩
焖
瓤
蒙
贴
鲊
浸

图3 烹饪方法标准结构

5.5 菜品基础标准表

详见资料附录A 。

附录A
（资料性）
基础/菜品标准表

表A.1 基础/菜品标准表

标准名称	标准编号	编制状况		
		现行	在编	规划
黔菜标准体系	T/QLY 001—2021	√		
黔菜术语与定义	T/QLY 002—2021	√		
黔菜菜品英译规范	T/QLY 003—2021	√		
黔菜餐饮服务规范	T/QLY 004—2021	√		
黔菜食品操作规范	T/QLY 005—202X		◆	
黔菜菜品基础	T/QLY 006—202X			○
黔菜菜品命名原则	T/QLY 007—202X			○
黔菜馆建设规范	T/QLY 008—202X			○
黔菜教材编写规范	T/QLY 009—202X			○
黔菜菜品鉴定原则	T/QLY 010—202X			○
传统黔菜　白酸汤鱼烹饪技术规范	T/QLY 011—2021	√		
传统黔菜　红酸汤鱼烹饪技术规范	T/QLY 012—2021	√		
传统黔菜　宫保鸡烹饪技术规范	T/QLY 013—2021	√		
传统黔菜　盗汗鸡烹饪技术规范	T/QLY 014—2021	√		
传统黔菜　古镇状元蹄烹饪技术规范	T/QLY 015—2021	√		
传统黔菜　糟辣鱼烹饪技术规范	T/QLY 016—2021	√		
传统黔菜　糟辣脆皮鱼烹饪技术规范	T/QLY 017—2021	√		
传统黔菜　盐酸干烧鱼烹饪技术规范	T/QLY 018—2021	√		

续表

标准名称	标准编号	编制状况		
		现行	在编	规划
传统黔菜　八宝甲鱼烹饪技术规范	T/QLY 019—2021	√		
传统黔菜　锅巴鱿鱼烹饪技术规范	T/QLY 020—202X		◆	
传统黔菜　贵州辣子鸡（阳朗风味）烹饪技术规范	T/QLY 021—2021	√		
传统黔菜　贵州辣子鸡（贵阳风味）烹饪技术规范	T/QLY 022—2021	√		
传统黔菜　贵州辣子鸡（晴隆风味）烹饪技术规范	T/QLY 023—2021	√		
传统黔菜　贵州辣子鸡（豆豉风味）烹饪技术规范	T/QLY 024—2021	√		
传统黔菜　娄山黄焖鸡烹饪技术规范	T/QLY 025—2021	√		
传统黔菜　引子夹沙肉烹饪技术规范	T/QLY 026—2021	√		
传统黔菜　豆豉回锅肉烹饪技术规范	T/QLY 027—2021	√		
传统黔菜　贵州杀猪菜烹饪技术规范	T/QLY 028—2021	√		
传统黔菜　羊瘪烹饪技术规范	T/QLY 029—2021	√		
传统黔菜　烧椒茄子烹饪技术规范	T/QLY 030—202X			○
时尚黔菜　山菌肉饼鸡烹饪技术规范	T/QLY 031—2021	√		
时尚黔菜　酸菜炖牛腩烹饪技术规范	T/QLY 032—2021	√		
时尚黔菜　青椒油底肉烹饪技术规范	T/QLY 033—2021	√		
时尚黔菜　糟辣肉酱烹饪技术规范	T/QLY 034—2021	√		
时尚黔菜　黔城凤尾虾烹饪技术规范	T/QLY 035—2021	√		
时尚黔菜　香焖大黄鱼烹饪技术规范	T/QLY 036—2021	√		
时尚黔菜　黄焖三穗鸭烹饪技术规范	T/QLY 037—2021	√		
时尚黔菜　血浆三穗鸭烹饪技术规范	T/QLY 038—2021	√		
时尚黔菜　三穗老鸭汤烹饪技术规范	T/QLY 039—202X		◆	

续表

标准名称	标准编号	编制状况		
		现行	在编	规划
时尚黔菜　卤香三穗鸭烹饪技术规范	T/QLY 040—202X		◆	
时尚黔菜　贵州风味烤鱼烹饪技术规范	T/QLY 041—2021			○
时尚黔菜　烧椒小炒肉烹饪技术规范	T/QLY 042—2021	√		
时尚黔菜　酸菜折耳根烹饪技术规范	T/QLY 043—2021	√		
时尚黔菜　青菜牛肉烹饪技术规范	T/QLY 044—202X			○
时尚黔菜　水城烙锅烹饪技术规范	T/QLY 045—202X			○
时尚黔菜　扎佐蹄髈烹饪技术规范	T/QLY 046—202X			○
时尚黔菜　啤酒鸭烹饪技术规范	T/QLY 047—202X			○
时尚黔菜　青椒河鱼烹饪技术规范	T/QLY 048—202X			○
时尚黔菜　风肉炒莴笋皮烹饪技术规范	T/QLY 049—202X			○
时尚黔菜　苗家酸剁鱼烹饪技术规范	T/QLY 050—202X			○
新派黔菜　黔香鸭烹饪技术规范	T/QLY 051—2021	√		
新派黔菜　火腿焖洋芋烹饪技术规范	T/QLY 052—2021	√		
新派黔菜　泡椒板筋烹饪技术规范	T/QLY 053—2021	√		
新派黔菜　西米小排骨烹饪技术规范	T/QLY 054—2021	√		
新派黔菜　火焰牛肉烹饪技术规范	T/QLY 055—2021	√		
新派黔菜　多椒涮毛肚烹饪技术规范	T/QLY 056—2021	√		
新派黔菜　酱卤核桃烹饪技术规范	T/QLY 057—2021			○
新派黔菜　核桃风翅烹饪技术规范	T/QLY 058—2021	√		
新派黔菜　昆虫汇烹饪技术规范	T/QLY 059—202X		◆	
新派黔菜　豆米火锅烹饪技术规范	T/QLY 060—2021	√		
新派黔菜　米豆腐烧花蟹烹饪技术规范	T/QLY 061—202X			○
新派黔菜　野菜炒豆腐烹饪技术规范	T/QLY 062—202X			○
新派黔菜　布依酸笋鱼烹饪技术规范	T/QLY 063—202X			○

续表

标准名称	标准编号	编制状况		
		现行	在编	规划
新派黔菜　糟椒扣肉烹饪技术规范	T/QLY 064—202X			○
新派黔菜　清汤鹅火锅烹饪技术规范	T/QLY 065—202X			○
新派黔菜　温泉跳水肉烹饪技术规范	T/QLY 066—202X			○
新派黔菜　砂锅羊蹄烹饪技术规范	T/QLY 067—202X			○
新派黔菜　酸菜炒汤圆烹饪技术规范	T/QLY 068—202X			○
新派黔菜　圆子连渣捞烹饪技术规范	T/QLY 069—202X			○
新派黔菜　豆豉炒油渣烹饪技术规范	T/QLY 070—202X			○
贵州小吃　怪噜饭烹饪技术规范	T/QLY 071—2021	√		
贵州小吃　丝娃娃烹饪技术规范	T/QLY 072—2021	√		
贵州小吃　遵义豆花面烹饪技术规范	T/QLY 073—2021	√		
贵州小吃　贵州羊肉粉（遵义风味）烹饪技术规范	T/QLY 074—2021	√		
贵州小吃　贵州羊肉粉（兴义风味）烹饪技术规范	T/QLY 075—2021	√		
贵州小吃　贵州羊肉粉（水城风味）烹饪技术规范	T/QLY 076—2021	√		
贵州小吃　贵州牛肉粉（花溪风味）烹饪技术规范	T/QLY 077—2021	√		
贵州小吃　贵州牛肉粉（安顺风味）烹饪技术规范	T/QLY 078—202X		◆	
贵州小吃　贵州牛肉粉（兴仁风味）烹饪技术规范	T/QLY 079—2021	√		
贵州小吃　贵州牛肉粉（布依风味）烹饪技术规范	T/QLY 080—202X		◆	
贵州小吃　贵州牛肉粉（贵阳风味）烹饪技术规范	T/QLY 081—202X		◆	

续表

标准名称	标准编号	编制状况		
		现行	在编	规划
贵州小吃　贵州牛肉粉（遵义风味）烹饪技术规范	T/QLY 082—202X		◆	
贵州小吃　遵义米皮烹饪技术规范	T/QLY 083—2021	√		
贵州小吃　安龙剪粉烹饪技术规范	T/QLY 084—2021	√		
贵州小吃　榕江卷粉烹饪技术规范	T/QLY 085—202X		◆	
贵州小吃　贞丰糯米饭烹饪技术规范	T/QLY 086—2021	√		
贵州小吃　姊妹饭烹饪技术规范	T/QLY 087—202X		◆	
贵州小吃　社饭烹饪技术规范	T/QLY 088—2021	√		
贵州小吃　金州三合汤烹饪技术规范	T/QLY 089—202X		◆	
贵州小吃　洋芋粑烹饪技术规范	T/QLY 090—2021	√		
贵州小吃　贵阳烤肉烹饪技术规范	T/QLY 091—2021	√		
贵州小吃　雷家豆腐圆子烹饪技术规范	T/QLY 092—2021	√		
贵州小吃　破酥包烹饪技术规范	T/QLY 093—202X		◆	
贵州小吃　老贵阳烤鸡烹饪技术规范	T/QLY 094—202X		◆	
贵州小吃　手搓冰粉烹饪技术规范	T/QLY 095—202X		◆	
贵州小吃　贵阳肠旺面烹饪技术规范	T/QLY 096—2021	√		
贵州小吃　杠子面烹饪技术规范	T/QLY 097—2021	√		
贵州小吃　糕粑稀饭烹饪技术规范	T/QLY 098—202X			○
贵州小吃　鸡肉汤圆烹饪技术规范	T/QLY 099—202X			○
贵州小吃　毕节汤圆烹饪技术规范	T/QLY 100—202X			○

参考文献

[1] 贵阳市遵义路饭店. 黔味菜谱［M］. 贵阳：贵州人民出版社，1981.
[2] 贵阳市饮食服务公司，北京贵阳饭店. 黔味荟萃［M］. 贵阳：贵州人民出版社，1985.
[3] 贵州省饮食服务公司. 黔味菜谱（续集）［M］. 贵阳：贵州人民出版社，1993.
[4] 吴茂钊. 美食贵州·探索集［M］. 贵阳：贵州人民出版社，2006.
[5] 吴茂钊. 贵州农家乐菜谱［M］. 贵阳：贵州人民出版社，2008.
[6] 吴茂钊，杨波. 贵州风味家常菜［M］. 青岛：青岛出版社，2016.
[7] 吴茂钊，杨波. 贵州江湖菜（全新升级版）［M］. 重庆：重庆出版社，2017.
[8] 张智勇. 黔西南风味菜［M］. 青岛：青岛出版社，2018.
[9] 吴茂钊，张乃恒. 黔菜传说［M］. 青岛：青岛出版社，2018.
[10] 吴茂钊. 追味儿，跟着大厨游贵州［M］. 青岛：青岛出版社，2018.
[11] 吴茂钊. 黔菜味道［M］. 青岛：青岛出版社，2019.
[12] 吴茂钊. 贵州名菜［M］. 重庆：重庆大学出版社，2020.
[13] 吴茂钊，张智勇. 贵州名厨·经典黔菜［M］. 青岛：青岛出版社，2020.
[14] 吴茂钊，黄永国. 教学菜：黔菜［M］. 北京：中国劳动社会保障出版社，2021.

ICS 67.020
CCS H 62

T/QLY

团 体 标 准

T/QLY 002—2021

黔菜术语与定义

Terminology and Definition of Guizhou Cuisine

2021-09-28发布 2021-10-01实施

贵州旅游协会 发布

目 次

前　言

本文件按照GB/T 1.1—2020《标准化工作导则　第1部分：标准化文件的结构和起草规则》的规定起草。

本文件由贵州省文化和旅游厅、贵州省商务厅提出。

本文件由贵州旅游协会归口。

本文件起草单位：贵州轻工职业技术学院、黔西南州商务局、三穗鸭产业发展领导小组办公室、黔西南州饭店餐饮协会、遵义市红花岗区烹饪协会、绥阳县黔厨职业技术学校、贵州大学后勤管理处饮食服务中心、贵州鼎品智库餐饮管理有限公司、贵州雅园饮食集团·新大新豆米火锅（连锁）·雷家豆腐圆子（连锁）、贵州圭鑫酒店管理有限公司、贵州黔厨实业（集团）有限公司、贵阳仟纳饮食文化有限公司·仟纳贵州宴（连锁）、贵州龙海洋皇宫餐饮有限公司·黔味源、贵州亮欢寨餐饮娱乐管理有限公司（连锁）、贵阳四合院饮食有限公司·家香（连锁）、贵州怪噜范餐饮管理有限公司（连锁）、贵州酒店集团有限公司·贵州饭店有限公司、贵州盗汗鸡餐饮策划管理有限责任公司、贵州吴宫保酒店管理有限公司、息烽县叶老大阳朗辣子鸡有限公司、贵阳大掌柜辣子鸡黔味坊餐饮（连锁）、贵阳大掌柜牛肉粉（连锁）、遵义市冯家豆花面馆（连锁）、闵四遵义羊肉粉馆（连锁）、红花岗区蕺品黔味薑子鸡馆、遵义张安居餐饮服务有限公司、兴义市追味餐饮服务有限公司（连锁）、贵州君怡餐饮管理服务有限公司、贵州夏九九餐饮有限公司·九九兴义羊肉粉馆（连锁）、晴隆县郑开春餐饮服务有限责任公司·豆豉辣子鸡、兴仁县黔回味张荣彪清真馆、贵州刘半天餐饮管理有限公司、贵州胖四娘食品有限公司、兴义市老杠子面坊餐饮连锁发展有限公司、三穗县翼宇鸭业有限公司、三穗县美丫丫火锅店、三穗县食为天三穗鸭餐厅、国家级秦立学技能大师工作室、贵州省吴茂钊技能大师工作室、贵州省张智勇技能大师工作室、省级孙俊革劳模创新工作室、省级·市级钱鹰名师工作室。

本文件主要起草人：吴茂钊、徐楠、杨丽彦、黄涛、杨学杰、吴文初、杨欢欢、肖喜生、王涛、任艳玲、李翌婼、夏雪、潘正芝、范佳雪、古德明、张乃恒、刘黔勋、杨波、洪钢、胡文柱、陆文广、王文军、黄永国、张智勇、雷建琼、王祥、张建强、龙凯江、娄孝东、刘海风、潘绪学、高小书、王利君、梁伟、钱鹰、欧洁、陈克芬、何花、杨娟、任玉霞、冯其龙、龙会水、郑火军、刘公瑾、邓一、樊嘉、雷鸣、朱永平、吴泽汶、俸千惠、胡林、王德璨、徐启运、樊筑川、雁飞、宋伟奇、吴笃琴、黎力、李兴文、罗洪士、黄长青、陈英、叶春江、曾正海、秦立学、孙俊革、付立刚、李永峰、梁建勇、丁振、杨绍宇、蔡林玻、郭茂江、孙武山、夏飞、郑开春、张荣彪、陈江、黄进松、林茂永、刘烟吕、马明康、万青松、涂高潮、邬忠芬、郭恩源、冉雪梅、蒲德坤、魏晓清、胡承林、李昌伶、刘宏波、叶刚、舒基霖、周俊。

黔菜术语与定义

1 范围

本文件规定了黔菜的术语和定义。

本标准适用于贵州旅游、餐饮行业中的饭店、酒店和餐饮休闲服务机构的烹饪与管理，烹饪教育与培训教材。

2 规范性引用文件

本文件没有规范性引用文件。

3 术语和定义

下列术语和定义适用于本文件。

3.1 刀工刀法

3.1.1 刀法

加工原料时使用刀工的各种方法。

3.1.2 刀口

经刀法处理后，原料所呈现的各种形状。

3.1.3 刀面

经刀法处理后，依照刀口整齐堆码成所需的各种形状。

3.1.4 直刀法

刀刃与菜墩或与原料接触面成直角的一种刀法。

3.1.5 直切

将刀对准原料，垂直进刀，刀不向前推，也不向后拉，前后力量一致，一刀切断原料。

3.1.6 推切

刀口对准原料，垂直向下，直起由后向前推动，一刀切断原料。

3.1.7 锯切

刀口对准原料，先向前推切，再拉回来，交替进刀，直至切断原料。

3.1.8 铡切

双手握刀，一只手握住刀柄，一只手握住刀背前端，将刀放在原料上，两手交替用力，将原料铡碎。

3.1.9 滚切

刀口对准原料，直刀切原料，每切一至两刀，将原料滚动一次再切。

3.1.10 平刀法

刀刃与菜墩呈平行状态的一种方法。

3.1.11 推刀法

又称平刀法，刀平行进入原料，由后至前，一刀片断原料。

3.1.12 拖刀法

又称拉刀法，刀平行进入原料，由刀刃前端搭口进入原料，由前向后用力，着力点在刀刃中部和前端，一刀片断原料。

3.1.13 拉锯刀法

刀平行进入原料，由刀刃的前端搭口进入原料，先由前向后用力，片进原料的一部分，再由后向前用力，反复数次片断原料。

3.1.14 斜刀法

刀刃与原料呈一定的角度。刀刃由原料的上部进入原料，然后用力片断原料。

3.1.15 正斜刀法

刀刃朝内，由上至下，按照要求的角度进入原料，着力点在刀的前端，一刀片断原料。

3.1.16　反斜刀法

刀刃朝外，由上至下，按照要求的角度进入原料，着力点在刀的前端，一刀片断原料。

3.1.17　拉锯斜刀法

刀刃朝内，由上至下，按照要求的角度，一前一后进入原料，反复几次片断原料。

3.1.18　剞刀法

使用直刀法或斜刀法在原料表面进刀，切进规定深度的刀纹，然后改刀。

3.1.19　砍、斩

使用直刀法将带骨原料整齐剖开，通常生砍熟斩。

3.2　刀工成形规格

3.2.1　改刀装盘

将烹制好的鸡、鸭、鹅、鸽等，用刀宰成块，颈、骨垫底，脯肉盖面，装盘成形的一种方法。

3.2.2　滚刀块

经滚料刀工处理后呈多棱形块状原料。

3.2.3　梳子背

原料切后，刀口呈梳子背的多棱形块状原料。

3.2.4　斧楞块

经刀工处理，将烹饪原料切成长8 cm、上方厚0.3 cm、下方厚0.15 cm的片。

3.2.5　麦穗块

用料刀在原料上交叉刻上刀口，使之呈麦穗形状。

3.2.6　菊花块

用直刀在原料交叉刻上刀口，使之呈菊花形状。

3.2.7　荔枝块

用直刀和斜刀在原料交叉刻上刀口，使之呈荔枝形状。

3.2.8 松果块

用直刀在原料交叉刻上刀口，再改成三角形，受热后使之呈松果形状。松果块是指交叉直剞后呈三角形的块状原料。

3.2.9 寸节

经刀工处理，将烹饪原料切成长4 cm、粗1 cm的节。

3.2.10 指甲片

1 cm见方，厚度为0.2 ~ 0.3 cm形如指甲壳的片。

3.2.11 骨牌片

多用于豆腐，长度为6 cm，宽度为3 cm见方，厚度为1 cm形如骨牌的片。

3.2.12 火夹片

两片相连的片状原料，形状多为长方或圆片状，厚度为0.7 ~ 1 cm。

3.2.13 蝴蝶片

多用于鱼片，鱼皮相连的两片片状原料，形状多为椭圆片状，厚度为0.7 ~ 1 cm。

3.2.14 牛舌片

是指厚度为0.06 ~ 0.1 cm、宽度为2.5 ~ 3.5 cm、长16 ~ 17 cm形如牛舌的薄片。

3.2.15 柳叶片

经刀工处理，将烹饪原料切成长7 cm、厚0.3 cm的片，形如柳叶。

3.2.16 菱形片

经刀工处理，将烹饪原料切成长轴长5 cm、短轴3.5 cm、厚0.2 cm的片。

3.2.17 长方体片

经刀工处理，将烹饪原料切成长7 cm、宽3 cm、厚0.2 cm的片。

3.2.18　三楞条

经刀工处理，将烹饪原料切成边宽3.5 cm、长7 cm的条。

3.2.19　象牙条

经刀工处理，将烹饪原料切成前端粗1.2 cm、后端呈尖状的条。

3.2.20　大一字条

经刀工处理，将烹饪原料切成长7 cm、粗1.5 cm的条。

3.2.21　中一字条

经刀工处理，将烹饪原料切成长6 cm、粗1.2 cm的条。

3.2.22　小一字条

经刀工处理，将烹饪原料切成长5 cm、粗1 cm的条。

3.2.23　头粗丝

又称筷子条，经刀工处理，将烹饪原料切成长8 cm、粗0.5 cm的条。

3.2.24　二粗丝

又称火柴棍，经刀工处理，将烹饪原料切成长7 cm、粗0.3 cm的丝。

3.2.25　三粗丝

又称细丝，经刀工处理，将烹饪原料切成长6 cm、粗0.15 cm的丝。

3.2.26　四粗丝

又称银针丝，经刀工处理，将烹饪原料切成长7 cm、粗0.1 cm的丝。

3.2.27　大丁

经刀工处理，将烹饪原料切成2 cm见方的丁。

3.2.28　中丁

经刀工处理，将烹饪原料切成1.2 cm见方的丁。

3.2.29 小丁

经刀工处理，将烹饪原料切成0.8 cm见方的丁。

3.2.30 碎米

经刀工处理，将烹饪原料切成0.4 cm见方的小粒。

3.2.31 茸泥

将烹饪原料经绞制、捶剁、擀压等手法、使原料达到质地极细呈茸泥状。

3.2.32 红茸

用猪净瘦肉轻捶成泥，用冷汤调散，用作清汤。

3.2.33 白茸

用鸡脯肉轻捶成泥，用冷汤调散，用作清汤。

3.2.34 葱颗

又称墩子葱，因形如菜墩而得名。选用直径为1 cm的大葱白切成1 cm长的颗粒。

3.2.35 开花葱

又称花葱，两端呈翻花状的葱节。选用直径为1 cm的葱白，先切成5 cm长的段，再将两端划成1.8 cm深的细刀纹，泡入冷开水内，使两端细刀纹朝外卷曲，似花形即成。适于软炸、酥炸、烧烤等类菜肴所配的葱酱味碟。

3.2.36 马耳形

将直径1 cm的葱或蒜苗，两端切成30° 的斜面，长3 cm的节，形似马的耳朵。

3.3 烹调初加工

3.3.1 烫皮刮洗

先在沸水中加入姜片、葱节、胡椒粉、料酒熬1 min，关火。再加入冷水，使水温降至70 ℃。再用瓢舀起淋烫在原料表皮上，使表皮的蛋白质凝固，然后用小刀轻轻地刮去表皮上的污物和黏液，达到除去异味的初加工方法。

3.3.2 紧皮

菜肴在烹制前，将原料放入油锅中微炸至表皮起皱或微微变色发硬的方法。

3.3.3 汩水

又称出水，是指将原料整理清洗后，投入沸水锅中烫到一定时间以除去腥、臊、膻等异味的操作方法。

3.3.4 氽水

将原料整理清洗后，投入沸水锅中快速烫煮，以保持亮色或除去腥、臊、膻等异味的操作方法。

3.3.5 焯水

将原料整理清洗后，投入沸水锅中长时间加热，以达到烹调要求的以除去腥、臊、膻等异味的操作方法。

3.3.6 过油

将原料整理清洗或焯水后，投入热油锅中炸到一定时间以达到烹调要求的操作方法。

3.3.7 走红

将焯水或煮制原料取出，趁热抹上饴糖、糖色、甜酒汁的肉皮一面，投入热油锅中炸到皮红的操作方法。

3.3.8 制皮

将走红原料继续油炸至松泡状态的操作方法，需要皮泡，泡水后松软。

3.3.9 油发

将蹄筋、肉皮油浸后，升温将原料在油锅中炸制松泡的操作方法。

3.3.10 出坯

烧烤类菜肴的加工方法，是将经加工处理好或已腌制好的原料放入沸水锅中煮烫紧皮，以除去血水，是半成品原料的加工方法。

3.3.11 晾坯

将原料入沸水锅煮烫至表层定型后捞起，擦干水，趁热抹上一层薄薄的饴糖或料酒等调料，再置于通风处，吹干表面水汽的方法。

3.3.12 扎捆

用细和长的原料将主料捆成一定的形状，使其美观大方。

3.3.13 捏包

将原料加工成一定形状的面皮，然后包入特定的辅料，成形状。

3.3.14 模压

将需要加工的原料改成厚薄均匀的块状，再用特定的象形模具压出图形。

3.4 预处理加工

3.4.1 腌渍

半成品加工方法。将经加工处理的大块或整形原料抹上盐或酱油、酒、花椒、香料等调料，放入缸内腌渍，使之入味的方法。

3.4.2 浸渍

将调味料调匀于汁水内，把原料放入，经过所需时间达到调味目的。

3.4.3 泡味

将原料放入特制调味汁的坛中进行泡制使其出味。

3.4.4 水溶

利用水为导热介质，达到调味目的。

3.4.5 脂溶

利用油为导热介质，发挥调味作用。

3.4.6 码味

按成菜的要求，在原料中加入调味品拌匀，使其产生基础味的调味方法。

3.4.7　码芡

又称上浆，根据成菜要求，将经刀工处理后的原料先码入底味，再码入水淀粉或蛋清淀粉的方法。

3.4.8　对浆芡

在成茸的原料中加入水淀粉调匀，使之受热后增加凝固效果。

3.4.9　糊芡

用水淀粉、汤汁、油脂调成的芡汁。

3.4.10　全蛋糊

用鸡蛋与干细淀粉调制而成。

3.4.11　蛋清糊

用鸡蛋清与干细淀粉调制而成。

3.5　烹调技术

3.5.1　稠汁芡

在烧烩菜肴时，放入水淀粉，使汤汁浓稠。

3.5.2　勾汁芡

将水淀粉放入调料碗内，调匀，在菜品临起锅时，烹入锅中，起散籽现油。

3.5.3　收汁

以水为导热介质，将菜肴中的汤汁加热逐渐挥发，达到汁干入味亮油的烹调方法。

3.5.4　收汁芡

菜品成熟时，放入水淀粉，使其收汁亮油。

3.5.5　勾味

原料在受热之时，按成菜要求，逐步放入特定的味料，以达到调味的效果。

3.5.6　汤煨

将原料在鲜汤中煮或蒸制一定时间，以增加醇厚鲜味。

3.5.7　炝味

加麻、辣味感。将干辣椒节、花椒放入200 ℃的油锅内，炸出麻味和辣味。然后快速将原料放入翻炒，使其成菜。

3.5.8　灯盏窝

炒肉片时，由于肉片受热吐油而形成凹凸状。

3.5.9　混合油

菜籽油或色拉油、化猪油混合使用，比例为7∶3，其他比例单列。

3.6　汤酱加工

3.6.1　鲜汤

又称高汤，用老母鸡、老鸭、猪排骨加清水，大火熬煮沸腾，中小火长时间熬制成鲜汤。成品鲜味浓、色自然。

3.6.2　奶汤

用老母鸡、老鸭、猪排骨、火腿、猪蹄等加清水熬制而成。成品浓白如奶、味鲜美醇厚的特点。

3.6.3　清汤

用老母鸡、老鸭、猪排骨加清水，小火熬制成鲜汤。然后采取先下红茸（用猪净瘦肉捶成的细茸，加冷鲜汤调散）入汤中，凝固后捞出；后下白茸（用鸡脯净肉捶成的细茸，加冷鲜汤调散）凝固后按压成饼，将鸡茸饼坠入汤中，利用红茸、白茸吸附鲜汤中游离乳化物，使汤汁清澈见底、观如清水、味美醇厚。

3.6.4　原汤

用一种或两种原料加清水熬制而成的具有原汁原味的汤。

3.6.5　肉汤

用肉或骨加清水熬制而成的具有原汁原味的汤。

3.6.6　酸汤

以大米、西红柿、辣椒、蔬菜或骨头、鱼虾经发酵而成的汤，品种繁多，用途广泛。

3.6.7　白米酸

用淘米水或米汤经发酵至酸香醇厚的汤。

3.6.8　红酸酱

用西红柿或鲜辣椒中的一种或两种原料，加酸、盐、酒等自然发酵而成的红酸汤酱。

3.6.9　臭酸

将猪骨、牛骨、大米一起熬制后，加盐、白酒、米酒糟、煳辣椒面，放入桶（或坛）中发酵而成的酸香醇厚、十分浓郁的汤料。

3.6.10　虾酸

将小鱼（或小虾）、大米沤烂后，加盐、白酒、米酒、煳辣椒面，放入桶（或坛）中发酵而成的酸香醇厚、糟香味浓的汤料。

3.6.11　盐酸

又称盐酸菜，用十字花科芥菜类的青菜，加入大蒜、辣椒、米酒、冰糖、白糖、盐和白酒，经自然发酵而成。其咸、酸、甜、辣俱全，色美且有清香。

3.7　温控技术

3.7.1　导热介质

能传递热量的媒介物。

3.7.2　火候

根据原料的性质、形状，结合制作菜肴的目的和要求，导热介质供给原料加热量的大小及受热的时间。

3.7.3　火力

又称热源，各种燃料燃烧时所产生的热量及电与太阳能产生的热量。

3.7.4　旺火

烹饪时所用的最大火力。其特征是：火焰呈黄白色，火苗直立稳定，光度明亮，热气逼人。

3.7.5 中火

又称温火，其火力仅次于旺火。其特征是：火焰高低摇晃，呈红黄色，光度较亮，热气较大。

3.7.6 小火

又称文火，其火力较弱。其特征是：火焰呈青绿色。火苗细小，光度较暗，热气小。

3.7.7 火烧

将生鲜原料烧至外皮焦黑、内部熟透时，拍净或洗净原料表皮上的灰尘，快速撕去外皮，将原料顺手撕成条、块、丝等形状或进行刀工处理后，加入各种调料，然后调拌均匀，使其入味成菜的烹调方法。分柴火灰中烧和明火烧两种，是凉菜的主要烹饪方法，也应用于凉拌菜和辣椒蘸水的煳辣椒、烧青椒的制作。

3.7.8 油温

即将投料时锅中油的热度。一般要看火力的大小、原料投放的多少以及原料的性质而定。大火，下料少，油温要掌握稍低一些；小火，油温掌握稍高一些，菜肴原料很多，油温略高一些；按原料质地的老嫩和形状的大小等灵活掌握油温。

3.7.9 油温划分

传统菜籽油的燃点低于250 ℃，早期一成油温为25 ℃，提纯色拉油的燃点为300 ℃，通常使用一成油温30 ℃计算。如三成油温90 ℃，五成油温150 ℃，七成油温210 ℃，烹饪中使用最高八成油温240 ℃，多根据原料数量习惯性地统称常温油为凉油，三成热为温油，四成热为温热油，五六成热为热油，七八成热为滚油。

3.8 加工技法

3.8.1 擂

把原料放入钵里，用擂棒上下捣，把原料捣烂的烹调方法。擂制烧青椒称为擂椒，通常用来制作糍粑辣椒、煳辣椒、花椒、蒜末、樧油籽（吴茱萸）等调料。

3.8.2　拌

将生料或成熟后冷却的原料，加工成块、片、条、丝、丁等小的形状，加调味品拌制成菜的方法。

3.8.3　生拌

将切制成形的生料，不经加热处理，直接加调味品拌制成菜的方法。

3.8.4　熟拌

将初步熟处理的原料冷却后改刀成形，再加调味品拌制成菜的方法。

3.8.5　炝

将质脆嫩、细小的烹饪原料，投入具有辛香气味的热油内或把具有辛香气味的热油淋入质脆嫩、细小的烹饪原料上，使其入味的烹调方法。

3.8.6　冻

将改刀成形的原料加热成熟，投入含胶质和调味品的汤汁中加热至沸、撇净浮沫及油分，待冷却后，原料与汤汁凝结在一起呈固体的成菜方法。

3.8.7　卤

将加工处理好的大块或整形的原料，放入多次使用的卤汁中，加热煮熟，使卤汁的鲜香味渗透原料内的成菜过程。

3.8.8　泡

将原料放在经过调制的水中浸泡一段时间，使原料在密封环境下慢慢浸润或发酵的烹调方法。

3.8.9　熏

把原料进行初加工或初步熟制后，放到有熏料的熏炉中，用慢火加热，使熏料燃烧、炭化、产生烟，并使烟香味吸附在原料上。熏分为生熏和熟熏。生熏是把生的原料（如形状扁平的生鱼）进行熏制。生熏的火要小，而且熏制的时间略长。

3.8.10　灌

将一种原料灌在另一种原料中，加热处理并切配成形，有时还要浇汁的烹调方法。

3.8.11　蜜汁

一种带汁菜的烹调方法，具体可分为两种：一种方法是将原料放入含有蜂蜜的糖浆中加热至熟烂，或者将原料制熟后装盘，将熬至浓稠的糖浆浇在原料上。这一方法适用于不易熟烂的原料，如藕片。另一种方法是将糖用少许油炒化，加入水进行调制，再把主料放入其中熬至汁液浓稠起泡即可。这一方法适用于易熟烂的原料，如香蕉、苹果等。

3.8.12　挂霜

又称粘糖、糖粘，将经过初步熟处理的原料粘裹一层由白糖熬制的糖液，冷却成霜或撒上一层糖粉的成菜方法。

3.8.13　炸收

将炸后的半成品放入锅内加少量鲜汤和调味品，用中、小火进行较长时间加热，使其汁干入味的一种方法。

3.8.14　脱水

将加工后的原料按照种类分别进行油炸、蒸煮、烘炒等处理，然后进行挤压、揉搓，使原料快速脱水，制成膨松、脆香的食物的一种方法。

3.8.15　卷

将烹饪原料加工成较长较宽的薄片，裹入心馅，使其呈现不同的卷形。

3.8.16　拼摆

将已加工好的原料，按照一定的形态拼摆组合，使其丰满美观。

3.8.17　炒

以油为主要导热体，将原料用旺火在较短时间内受热成熟，调味成菜的一种烹调方法。

3.8.18　生炒

将切配后的小型原料，直接下入旺火热油的锅中，调味快速炒成菜的烹调方法。

3.8.19　熟炒

将熟处理后的原料，再经切配后不上浆、不码味、不兑芡汁，用中火热油，加调配料炒至成菜的烹调方法。

3.8.20　爆

将质地脆嫩的原料经刀工成形，直接用旺火热油快速烹制成菜的烹制方法。

3.8.21　熘

将加工成形的原料调味后，经过油炸、汽蒸、水煮、氽或上浆滑油等方法处理后，再勾芡成菜的烹调方法。

3.8.22　煸

利用油为传导介质，使原料在成熟的过程中脱水至恰到好处的方法。

3.8.23　烤

将加工成形的原料，腌渍入味，放入烤炉内，利用辐射传热将原料制熟的方法。

3.8.24　暗炉烤

将原料加工腌渍入味，挂上烤钩，将烤叉放入烤盘内，运用封闭的烤炉烘烤制熟的过程。

3.8.25　明炉烤

使用敞口的火炉、火盆或火槽，置上铁架，放上原料反复烤制使之成熟的烹调方法。

3.8.26　炸

利用油为传热介质，将原料经受热脱水至一定程度的烹调方法。

3.8.27　焦炸

将原料经刀工处理及调味后，放入需要的油温中炸至成熟的烹调方法。

3.8.28　软炸

将质嫩脆爽的原料经刀工处理及调味后，码全蛋淀粉或蛋清淀粉，放入120 ℃油锅内，用中火加热定型断生后，再放入200 ℃的油锅内，炸至外酥内嫩的烹制方法。

3.8.29　煎

将加工切配的原料，调味腌渍入味，投入油锅内煎至两面金黄色，再加入适量的汤汁和调味品，小火加热收汁成菜的烹调方法。

3.8.30　烧

将熟的原料加入汤、水及调味品，用火烧开至入味，最后收汁的烹调方法。红烧是将熟的原料放入锅内，加入有颜色的调味品（生抽、老抽）及汤，加热收汁至浓稠即可。白烧是将熟的原料放入锅内，不放有颜色的调味品烧制。

3.8.31　干烧

用水作为传热介质的烹制方法。将原料放入调好味的汤汁中，用小火慢烧，使原料随汤汁的挥发而蔫软，味充分渗入原料内部或依附在原料表面上，不勾芡，采用自然收汁，成菜后汁干现油。

3.8.32　蒸

利用水蒸气为传热介质，使原料成熟的一种烹调方法。蒸制的菜肴，由于原料无须翻动、受热均匀，因此，有形态不变、原味不失的特点。

3.8.33　清蒸

将原料经刀工处理并码味后，装入盛器内入笼，利用蒸气传热使之成熟的烹制方法。

3.8.34　旱蒸

将原料改刀成形调味，装入盛器，不加汤汁，采取加盖或纸封盛器，然后放入蒸笼或蒸箱蒸制成熟的烹调方法。

3.8.35　粉蒸

将原料改刀成形调味，与适量鲊米粉拌和均匀，装入盛器，以蒸气传热使之成熟的成菜方法。

3.8.36　煮

以水为主要传热介质，将原料放入相宜的汤汁内，加热至断生熟透的烹调方法。

3.8.37　炖

将原汁原味的原料放入水中，用大火煮开，最后改为小火，把原料炖软，部分食材还有主料炝锅炒香后再加水炖的烹调方法。

3.8.38　煨

将动物性原料和硬度较大的植物性原料，经处理后入锅，一次性灌足鲜汤或清水，用小火或微火长时间加热，使原料熟透，味醇厚，汤汁鲜美的烹调方法。

3.8.39　烩

将熟的小块原料加上汤汁、调料，用中火加热，成熟后勾芡而成半汤菜肴的一种烹调方法。

3.8.40　焖

将原料进行初加工后，放入调味料和汤，用旺火煮，盖上盖后改用小火长时间加热至成熟的烹制方法。

3.8.41　瓤

加工后的辅料，填入主料内，使其具有完美的形态。

3.8.42　蒙

加工好的茸糊料黏裹于原料上，使其成熟后透现出原料的本色，而且具有浮力。

3.8.43　贴

选用熟猪肥膘肉或土司（方面包）做底板，先敷上一层茸糊，再嵌贴上其他原料，使其整齐美观。

3.8.44 鲊

将鲜肉、鲜鱼、鲜辣椒、洋芋、红薯、冬瓜等原料腌制后，切成片或丝，再拌以炒熟的粗米粉，装入坛中发酵而成。

3.8.45 浸

将鲜肉腌制、油炸后，连同油一起装入坛中浸泡，使肉、油融合，肉软糯细腻，这种方法可以充分保持鲜肉的风味。

3.8.46 牵

将已经加工好的各种原料，在成菜的四周、两端或中央牵上各种图案以衬托主料。

3.8.47 裱形

采用西点裱花技术，在加工好的原料表面用茸糊裱上图案，使其美观。

3.8.48 雕刻

将食用烹饪原料雕成各种形态，使其造型美观。

3.9 辣椒调料

3.9.1 辣椒调料

用辣椒加工制作而成的调味料。

3.9.2 烧青椒

先将线椒放在火上烧至椒皮起泡时去皮去蒂剁碎或舂蓉。酸汤鱼蘸水必备辣椒调料，烧椒菜肴主料，多添加烧西红柿一同使用。

3.9.3 煳辣椒面

先将干红辣椒在炭火上烧（或烘、焐）焦、烧（或烘、焐）煳，再用手搓细或用擂钵舂成细面，也可将焦煳的辣椒装入竹筒中用竹片绞碎。辣椒蘸水的主要调料，也用作凉菜和小吃调料。

3.9.4 五香辣椒面

辣椒、香料、盐、味精、花生米炒熟后，用粉碎机打成粉的辣椒面。常用作烙、烤、煎、炸类熟食的蘸料或调料烹调菜品、干锅。

3.9.5　糟辣椒

肉质厚实、辣味不太重的新鲜小红辣椒去蒂洗净，晾干水分，加入仔姜、蒜瓣，在专用（不带油）木盆中用刀反复切碎，直至成为米粒大小的均匀碎粒，加盐、白酒后装入土坛中（辣椒、仔姜、盐、蒜瓣、白酒重量的比例为50：5：4：2：1），加盖，在坛沿注水密封15天后即可取用。贵州独有，全省均有制作，极具民族特色的一种调味品，色泽鲜红，香重辣轻，微辣、微酸而又香、鲜、嫩、脆、咸。多用于炒菜、火锅、干锅和小吃调料，可独立成为辣椒蘸水。

3.9.6　辣椒酱

将新鲜朝天椒和小米椒去蒂洗净，加入仔姜、蒜瓣、鲜小茴香，用石磨磨细后放少许盐，装入土坛中，加盖，在坛沿注水密封，30天后即可取用。用作凉菜、炒菜、火锅调料，可独立成为辣椒蘸水，也可拌面、佐饭。

3.9.7　腌泡椒

以水加盐煮沸后晾凉制成泡菜水，泡制去蒂洗净、晾干水分的新鲜辣椒，滴入少许白酒，盖好盖，腌渍1个月左右即可取用。多用于炒菜、火锅、干锅。

3.9.8　糍粑辣椒

选用辣而不烈、香味浓郁的辣椒去蒂洗净，浸泡后，加老姜、蒜瓣用擂钵舂蓉。辣椒黏性如糍粑。贵州独具特色的调味品，多用于炒菜、火锅和制作红油、油辣椒。

3.9.9　红油

以优质植物油烧沸炼熟，稍凉后加入糍粑辣椒，慢慢熬炼至辣椒酥香渣脆、色红味出时关火浸泡，隔夜便可分离出味香色红，辣而不烈的红油。可添加米酒汁、腐乳等提炼专用红油。多用于凉菜、火锅和辣椒蘸水。

3.9.10　油辣椒

以炼制红油时的附属产品继续炼制脆香，也可以用适量炼熟烧烫的植物油烫香煳辣椒面浸泡。多用于辣椒蘸水和粉面早餐调料，也用于炒菜调味。

3.10　辣椒蘸水

3.10.1　素辣椒蘸水

用煳辣椒面、盐、酱油、味精、姜米、蒜泥、葱花制成，还可以加入水豆豉、豆腐乳、芹菜末、芫荽末、折耳根末、苦蒜末、花椒粉、草本木姜花或木本木姜油调制，食用时舀入所要蘸食的菜汤或用白开水兑稀。因其全素无油称作素辣椒蘸水，适合各类菜肴配味，多用于素菜辣椒蘸水。

3.10.2　水豆豉蘸水

在素蘸水基础上添加水豆豉制作，用水豆豉、煳辣椒面、盐、酱油、味精、木姜花、姜米、蒜泥、葱花制成，还可以加入芫荽末、折耳根末、苦蒜末调制。其味咸鲜豉香，煳辣清爽，是素菜蘸水的佳品。

3.10.3　烧青椒蘸水

烧青椒、烧西红柿剁碎或舂蓉后混合，加盐、酱油、醋、味精、姜米、蒜泥、葱花，通常需要添加煳辣椒使用，或者加入木姜子油、芫荽末、芹菜末、折耳根末、苦蒜末等。

3.10.4　油辣椒蘸水

用油辣椒、盐、酱油、醋、味精、脆哨[①]末（或肉末）、姜米、蒜泥、葱花、芫荽末等制成，还可以加入烘干压碎的豆豉粑末、花椒粉、水豆豉、豆腐乳、芹菜末等。其味香辣，多用于肉菜和豆花辣椒蘸水，可佐饭。

---

①“脆哨”“肉哨”“哨子”为黔菜中的习惯用法，即我们常说的“脆臊”“肉臊”“臊子”。——编者注

3.10.5　糟辣椒蘸水

糟辣椒蘸水一般不加调料，只在糟辣椒中加些葱花、芫荽末、折耳根末、苦蒜末等香味辅料，或将糟辣椒用熟菜籽油炒香后加入香味辅料即可。多用于原料鲜味浓郁肉菜，适宜于辣度较轻食客食用，可佐饭。

3.10.6　辣椒酱蘸水

辣椒酱蘸水的制作方法与糟辣椒蘸水差不多，还可以将辣椒酱用熟菜籽油炒香后加一些葱花、芫荽末、折耳根末、苦蒜末等香味辅料。常用于家庭辣椒蘸水，方便、快捷、酸辣不燥。

3.10.7　酸汤鱼辣椒蘸水

烧青椒、煳辣椒面、花椒粉、酥黄豆、豆腐乳、盐、味精、姜米、蒜泥、木姜子粉（或木姜子油）、葱花、芫荽末、折耳根末等拌匀，舀入煮酸汤鱼的原汤。适用于酸汤系列菜品火锅小吃的辣椒蘸水。

3.10.8　酸菜蹄髈火锅辣椒蘸水

折耳根末、盐、煳辣椒面（或油辣椒）、花椒粉、酱油、味精、芝麻油、用鲜汤调兑好的甜酱、姜米、葱花、酥黄豆、脆哨兑好，有时还加豆腐乳、水豆豉等进行调制。适用于酸菜蹄髈及系列酸菜火锅的辣椒蘸水。

3.10.9　豆腐圆子、恋爱豆腐果辣椒蘸水

折耳根末、煳辣椒面、青花椒粉、八角粉、脆哨、酥花生、酥黄豆、熟芝麻、盐、酱油、醋、味精、姜米、蒜泥、葱花拌匀即成。适用于豆腐小吃的辣椒蘸水。

3.10.10　金钩挂玉牌蘸水

以肉末油辣椒蘸水为主，肉末用熟菜籽油炒香，放入糍粑辣椒、姜米、蒜泥炒酥，再放一些甜酱和豆瓣酱炒香，最后放入豆豉、豆腐乳、盐、味精、花椒粉、八角粉、酱油、醋，炒入味即成。通常还配煳辣椒蘸水、烧青椒蘸水和豆瓣酱蘸水等典型四味蘸水，常用于传统名菜金钩挂玉牌和豆花系列菜品的辣椒蘸水。

参考文献

[1] 贵阳市遵义路饭店. 黔味菜谱 [M]. 贵阳：贵州人民出版社，1981.

[2] 贵阳市饮食服务公司，北京贵阳饭店. 黔味荟萃 [M]. 贵阳：贵州人民出版社，1985.

[3] 贵州省饮食服务公司. 黔味菜谱（续集）[M]. 贵阳：贵州人民出版社，1993.

[4] 吴茂钊. 美食贵州·探索集 [M]. 贵阳：贵州人民出版社，2006.

[5] 吴茂钊. 贵州农家乐菜谱 [M]. 贵阳：贵州人民出版社，2008.

[6] 吴茂钊，杨波. 贵州风味家常菜 [M]. 青岛：青岛出版社，2016.

[7] 吴茂钊，杨波. 贵州江湖菜（全新升级版）[M]. 重庆：重庆出版社，2017.

[8] 张智勇. 黔西南风味菜 [M]. 青岛：青岛出版社，2018.

[9] 吴茂钊，张乃恒. 黔菜传说 [M]. 青岛：青岛出版社，2018.

[10] 吴茂钊. 追味儿，跟着大厨游贵州 [M]. 青岛：青岛出版社，2018.

[11] 吴茂钊. 黔菜味道 [M]. 青岛：青岛出版社，2019.

[12] 吴茂钊. 贵州名菜 [M]. 重庆：重庆大学出版社，2020.

[13] 吴茂钊，张智勇. 贵州名厨·经典黔菜 [M]. 青岛：青岛出版社，2020.

[14] 吴茂钊，黄永国. 教学菜：黔菜 [M]. 北京：中国劳动社会保障出版社，2021.

ICS 67.020
CCS H 62

T/QLY

团　体　标　准

T/QLY 003—2021

黔菜菜品英译规范

Standard for Chinese-English Translation of Guizhou Cuisine

2021-09-28发布　　2021-10-01实施

贵州旅游协会　发布

目 次

前 言

本文件按照 GB/T 1.1—2020《标准化工作导则 第1部分：标准化文件的结构和起草规则》的规定起草。

本文件由贵州省文化和旅游厅、贵州省商务厅提出。

本文件由贵州旅游协会归口。

本文件主要起草单位：贵州轻工职业技术学院、黔菜发展协同创新中心、贵州省吴茂钊技能大师工作室、黔西南州商务局、三穗鸭产业发展领导小组办公室、黔西南州饭店餐饮协会、遵义市红花岗区烹饪协会、遵义市红花岗区餐饮行业商会、绥阳县黔厨职业技术学校、贵州大学后勤管理处饮食服务中心、贵州鼎品智库餐饮管理有限公司、贵州雅园饮食集团・新大新豆米火锅（连锁）・雷家豆腐圆子（连锁）、贵州圭鑫酒店管理有限公司、贵州黔厨实业（集团）有限公司、贵阳仟纳饮食文化有限公司・仟纳贵州宴（连锁）、贵州龙海洋皇宫餐饮有限公司・黔味源、贵州亮欢寨餐饮娱乐管理有限公司（连锁）、贵阳四合院饮食有限公司・家香（连锁）、贵州怪噜范餐饮管理有限公司（连锁）、贵州酒店集团有限公司・贵州饭店有限公司、贵州盗汗鸡餐饮策划管理有限责任公司、贵州吴宫保酒店管理有限公司、息烽县叶老大阳朗辣子鸡有限公司、贵阳大掌柜辣子鸡黔味坊餐饮（连锁）、贵阳大掌柜牛肉粉（连锁）、遵义市冯家豆花面馆（连锁）、闵四遵义羊肉粉馆（连锁）、红花岗区蕞品黔味盦子鸡馆、遵义张安居餐饮服务有限公司、兴义市追味餐饮服务有限公司（连锁）、贵州君怡餐饮管理服务有限公司、贵州夏九九餐饮有限公司・九九兴义羊肉粉馆（连锁）、晴隆县郑开春餐饮服务有限责任公司・豆豉辣子鸡、兴仁县黔回味张荣彪清真馆、贵州刘半天餐饮管理有限公司、贵州胖四娘食品有限公司、兴义市老杠子面坊餐饮连锁发展有限公司、三穗县翼宇鸭业有限公司、三穗县美丫丫火锅店、三穗县食为天三穗鸭餐厅、国家级秦立学技能大师工作室、贵州省张智勇技能大师工作室、省级孙俊革劳模工作室、省级·市级钱鹰名师工作室。

本文件主要起草人：夏雪、吴茂钊、杨丽彦、谢晓芹、宋文燕、潘正芝、范佳雪、陈娟、吴疏影、徐楠、黄涛、杨学杰、肖喜生、王涛、李翌婼、刘黔勋、杨波、洪钢、胡文柱、龙凯江、何花、杨娟、李支群、任玉霞、吴文初、杨欢欢、黄永国、庞学松、古德明、张乃恒、陆文广、王文军、张智勇、雷建琼、王祥、张建强、娄孝东、刘海风、潘绪学、高小书、王利君、梁伟、钱鹰、欧洁、陈克芬、冯其龙、龙会水、郑火军、刘公瑾、关鹏志、谢德弟、郝黔修、任亚、邓一、樊嘉、雷鸣、朱永平、吴泽汶、俸千惠、胡林、王德璨、徐启运、樊筑川、雁飞、宋伟奇、吴笃琴、黎力、李兴文、罗洪士、黄长青、陈英、叶春江、曾正海、秦立学、孙俊革、付立刚、李永峰、梁建勇、丁振、丁美洁、杨绍宇、蔡林玻、郭茂江、孙武山、夏飞、郑开春、张荣彪、陈江、黄进松、林茂永、刘畑吕、马明康、万青松、涂高潮、邬忠芬、郭恩源、冉雪梅、蒲德坤、魏晓清、胡承林、李昌伶、刘宏波、叶刚、舒基霖、周俊。

黔菜菜品英译规范

1 范围

本文件规定了黔菜菜品的定义、分类、英译原则及黔菜菜名译法。

本文件适用于黔菜菜品英译的执行，烹饪教育与培训教材。

2 规范性引用文件

下列文件中的内容通过文中的规范性引用而构成本文件必不可少的条款。其中，注日期的引用文件，仅该日期对应的版本适用于本文件；不注日期的引用文件，其最新版本（包括所有的修改单）适用于本文件。

GB/T 16159—2012《汉语拼音正词法基本规则》

GB/T 30240.1—2013《公共服务领域英文译写规范　第1部分：通则》

GB/T 30240.9—2017《公共服务领域英文译写规范　第9部分：餐饮住宿》

3 术语和定义

下列术语和定义适用于本文件。

3.1 写实型菜名

以食材、烹法、味型、形态、质感、器皿、地名、人名等方法命名的菜点名称。

3.2 写意型菜名

以比喻、象征、祝愿等方法命名的菜点名称。

3.3 混合型菜名

兼具写实和写意特点的菜点名称。

4 英译原则

英译原则除符合GB/T 30240.1—2013《公共服务领域英文译写规范 第1部分：通则》的相关规定外，还应符合以下规定。

①服务性。黔菜菜品和烹饪技术用语的英译，应突出贵州特色，服务于黔菜国际推广，其中黔菜烹饪技术用语的英译应主要服务于行业交流，菜品英译应主要服务于大众餐饮文化交流。

②简洁性。黔菜菜品和烹饪技术用语的英译，应遵循简洁原则，译文要尽量简短明了。

③规范性。黔菜菜品和烹饪技术用语的英译，应符合《汉语拼音方案》及GB/T 16159的规定，可以不标声调符号。

④系统性。黔菜菜品和烹饪技术用语的英译，应遵循系统性原则，译文要形成一个有机整体，以便于目标语受众准确、全面地了解其内涵。

⑤可辨性。黔菜菜品和烹饪技术用语的英译，应遵循可辨性原则，译文要具有单义性，以保证其在相关术语中的辨识度。

⑥透明性。黔菜菜品和烹饪技术用语的英译，应遵循透明性原则，译文要有明确所指，以便于识别源语，促进行业及文化交流。

5 菜名译法

5.1 基本要求

菜名的译法应符合 GB/T 30240.9的要求。

5.2 写实型菜名的译法

5.2.1 食材+食材

英译模式：食材+食材，见表1。

表1 “食材+食材”的菜名的译法

菜名	英文
锅巴鱿鱼	Simmered Squid with Crispy Rice Crust
山菌肉饼鸡	Chicken Stewed with Mountain Mushroom and Meat Pie
酸菜折耳根	Chinese Suancai（Pickled Vegetables）with Houttuynia Cordata
泡椒板筋	Sauted Bull Back-strap with Pickled Pepper

5.2.2 烹法+食材

英译模式：烹法+食材，见表2。

表2 “烹法+食材”的菜名的译法

菜名	英文
黄焖三穗鸭	Braised Sansui Duck
香焖大黄鱼	Braised Frgrant Large Yellow Croaker
烧椒小炒肉	Stir-frying Sliced Pork with Burned Green Pepper
酱卤核桃果	Sauce-marinated Walnut Kernels

5.2.3 味型+食材

英译模式：味型+食材/食材+食材（体现味型），见表3。

表3 “味型+食材”的菜名的译法

菜名	英文
糟辣鱼	Fish with Salt-pickled Fresh Chillies
糟辣肉酱	Meat Sauce with Salt-pickled Fresh Chillies
白酸汤鱼	Fish Simmered in White Sour Soup
红酸汤鱼	Fish Simmered in Wild Tomato-pickled Sour Soup

5.2.4 质感+食材

英译模式：质感+食材，见表4。

表4 “质感+食材”的菜名的译法

菜名	英文
糟辣脆皮鱼	Crispy Fish with Salt-pickled Fresh Chillies
脆皮四季豆	Crispy Kidney Bean
破酥包	Crispy Steamed Stuffed Buns
爽口韭菜根	Spicy Roots of Garlic Chives

5.2.5 餐具+食材

英译模式：餐具+食材，见表5。

表5 “餐具+食材”的菜名的译法

菜名	英文
盗汗鸡	Chicken Stewed in Zhenfeng Steaming Boiler
杠子面	Hand-made Noodles by Rolling Pin
烙锅洋芋	Potatoes Fried in Hot Pan
砂锅羊蹄	Sheep Hooves Stewed in Earthenware Pot

5.2.6 地名+食材

英译模式：地名+食材，见表6。

表6 “地名+食材”的菜名的译法

菜名	英文
阳朗辣子鸡	Chicken with Chillies, Yanglang Style
羊瘪	To-be Digested Forage within Sheep Stomach
扎佐蹄髈	Stewed Pig Pettitoes of Zhazuo Town
金州三合汤	Jinzhou Triple Soup

5.2.7 人名+食材

英译模式：人名+食材，见表7。

表7 “人名+食材”的菜名的译法

菜名	英文
宫保鸡	Kung Pao Chicken
王傻子烧鸡	Marinated Sugar-coating Chicken of Wang Shazi
雷家豆腐圆子	Tofu Ball with Fillings of the Lei Family
阳明鸡翅	Yangming Chicken Wings

5.3 写意型菜名的译法

英译模式：寓意或情境描述（注解），见表8。

表8 写意型的菜名的译法

菜名	英文
八宝甲鱼	Soft-shelled Turtle Stewed with Eight Spices
火焰牛肉	Freshly Cooked Beef with Roaring Flame
姊妹饭	Colorful Sticky Rice

5.4 混合型菜名的译法

英译模式：直译（注解），见表9。

表9 混合型的菜名的译法

菜名	英文
怪噜饭	Stir-frying Rice with Assorted Vegetables and Meat
杠子面	Hand-made Noodles by Rolling Pin
农家杀猪菜	Banquet of Rural Freshly Killed Pig
社饭	Sacrificial Food for She Day of Tu Minority

附录A
（资料性）
黔菜常见味型用料及特点

表A.1 黔菜常见味型用料及特点

名称	中文	英文
煳辣味 Burnt Spicy Flavor	以冷菜煳辣椒风味为主，煳辣椒加姜蒜米、盐、酱油、醋、香葱调制；兼具以干辣椒、糍粑辣椒、姜、蒜、葱、盐、味精、白糖、酱油、醋、料酒调制而成的部分热菜煳辣风味。	Burnt spicy flavor of cold dish enjoys more popularization, mixed with spices as minced ginger and garlic, salt, soy sauce, vinegar and fragrant green onion. Burnt spicy flavor of hot dish is made of dry chillies,glutinous chillies, ginger, garlic, green onion, salt, aginomoto, white sugar, soy sauce, vinegar and cooking wine.
糟辣味 Flavor of Salt-pickled Fresh Chillies	用于热菜糟辣风味为主，以糟辣椒、姜米、蒜米、香葱、盐、酱油、白糖、醋调制；兼具以部分冷菜制作一般不加调料，只在糟辣椒中加些葱花、香菜末、折耳根末、苦蒜末等香味辅料，或将糟辣椒用熟菜籽油炒香后加入香味辅料即可。	Flavor of salt-pickled fresh chillies of hot dish takes upper hand than the one of cold dish, made of spices as salt-pickled fresh chillies, minced ginger and garlic, chopped green onion, salt, soy sauce, white sugar and vinegar. The one of cold dish usually needs no extra spices, but needs only chopped green onion, side spices such as paste of coriander, houttuynia cordata and bitter garlic. Salt-pickled fresh chillies can also be fried by burning colza oil and added into some side spices.

续表

名称	中文	英文
香辣味 Hot-fragrant Flavor	用于冷、热菜式，主要由糍粑辣椒、豆瓣酱、姜、蒜、葱、盐、味精、白糖、酱油、料酒调制而成；其香辣的运用则因菜而异，可用干辣椒、辣椒酱、小尖椒、红油辣椒以及辣椒粉等；并加少量辅助香料配合制成香辣风味。	Hot-fragrant flavor can be used for cold and hot dishes, mainly made of spices as salt-pickled fresh chillies, bean paste, ginger, garlic, green onion, salt, aginomoto, white sugar, soy sauce and cooking wine. Needs for hot-fragrant flavor varies from dishes, and it could be used for making dry chillies, chillies sauce, red chillies, red-oil chillies, and chillies powder. This flavor is made of mixed side spices.
麻辣味 Hot-numbing Flavor	用于冷、热菜式，以糍粑辣椒、干辣椒、花椒、姜、蒜、葱、盐、味精、白糖、香料粉、酱油、料酒等；在咸味的基础上，重用辣椒、花椒，突出麻辣味；调制时均须做到辣而不猛，辣而不燥，辣中有鲜味。	Hot-numbing flavor can be used for cold and hot dish, which prioritizes chillies and wild chillies, mixed with salt-pickled fresh chillies, dry chillies, wild chillies, ginger , garlic, green onion, salt, aginomoto, white sugar, condiment powder, soy sauce and cooking wine. It highlights hot-numbing flavor through chillies and wild chillies based on saline taste. It is moderately hot with fresh flavor.
烧椒味 Burned Chillies Flavor	将烧青椒剁碎或手撕并烧西红柿末混合；多用于冷菜式，以烧椒、烧西红柿、姜米、蒜米、葱花、盐、酱油、醋、味精，或者加入木姜子粉（或木姜子油）调制而成。	Grind burned green pepper and tomato into paste, usually used for cold dish, made of burned green pepper, burned tomato, minced ginger and garlic, chopped green onion, salt, soy sauce, vinegar, aginomoto, and powder or oil of litsea cubeba.

续表

名称	中文	英文
五香味 Five-spice Flavor	所谓“五香”，将原料在烧、焖、烤、煮、卤等技法，加入数种香料；其所用香料通常有八角、山柰、丁香、小茴香、甘草、沙姜、豆蔻、桂皮、草果、花椒等，根据菜肴需要酌情选用；一般用于冷、热菜式，以上述香料加盐、姜、葱等。	Five-spice flavor means assortment of various spices. Ingredients are to be burned, braised, roasted, boiled or simmered, added into many spices with basic spices as salt, ginger, green onion, used for cold and hot dish. Spices include anise, rhizoma kaempferiae, clove, fennel, liquorice, sand ginger amomum, cassia, amomum tsao-ko, and wild chillies. Selection of spices depends on dish style.
咸鲜味 Salty-fresh Flavor	通常用于冷、热菜式，以盐、味精调制而成；因不同菜肴的风味需要，也可加姜、蒜、葱、白糖、胡椒粉、酱油、香油、鲜汤（或奶汤）等调制。	Salty-fresh flavor can be used for cold and hot dish, made of salt and aginomoto. Selection of extra spices depends on flavor of dishes, including ginger, garlic, chopped green onion, white sugar, pepper powder, soy sauce, sesame oil and delicate soup or health-friendly soup.
家庭风味 Home-style Flavor	“家庭风味”就是“家常风味”，因菜式所需制成咸鲜微辣的程度；用于热菜制作为主的风味，以糍粑辣椒、糟辣椒、豆瓣酱、姜、蒜、葱、盐、味精、白糖、酱油、醋、料酒等调制而成。	Home-style flavor means home-made flavor. Amount of chillies varies from dishes. It is made of mashed chillies with ginger and garlic, salt-pickled fresh chillies, bean paste, ginger, garlic, green onion, aginomoto, white sugar, soy sauce, vinegar and cooking wine, etc, usually used for hot dish.

附录B
（资料性）
黔菜常见烹调方法的操作要点

表 B.1　黔菜常见烹调方法的操作要点

名称	中文	英文
火烧 Burning	将生鲜原料烧至外皮焦黑、内部熟透时，拍净或洗净原料表皮上的灰尘，快速撕去外皮，将原料顺手撕成条、块、丝等形状或进行刀工处理后，加入各种调料，然后调拌均匀，使其入味成菜。	Burn fresh ingredients to be charred outside and well-done inside. Cleanse ash on the surface. Peel off skin outside. Tear or cut into slices. Mix with sauces.
擂 Grinding	把原料放入钵里，用擂棒上下捣，把原料捣烂。擂制烧青椒称为擂椒，通常用来制作糍粑辣椒、煳辣椒、花椒、蒜末、棰油籽（吴茱萸）等调料。	Put ingredients into earthenware bowl and grind up and down with round wooden stick into pieces. Grind burned green pepper tends to be called ground pepper, used to be ingredients of mashed fresh chillies with minced ginger and garlic, dry mashed chillies, wild pepper, garlic paste, fructus evodiae, etc.
拌 Sauce-mixing	把生或熟的原料改刀切成丁、丝、条、块等形状，加入调味品拌匀成菜。按照选取原料的不同，拌可以分为生拌制法、熟拌制法、温拌制法。	Cut raw ingredients into pieces, slices, etc and mix with sauce. Mixing could be classified into raw making, well-done making, and warm making according to different ingredients.

续表

名称	中文	英文
盗汗蒸 Steaming with Zhenfeng Steaming Boiler	原料放入盗汗锅里，通过隔层蒸汽遇到天锅水，凝固成融合原料香的汤。	Put ingredients into Zhenfeng steaming boiler. Vapour runs through interlayer and turns into ingredients-fragrant soup.
烤 Roasting	原料放到明火（炭火）上烤熟。	Roast ingredients on burning flame.
酸鲊 Acid -pickled Rice	将鲜肉、鲜鱼、鲜辣椒、洋芋、红薯、冬瓜等原料进行腌制后，切成片或丝，再拌以炒熟的粗米粉，装入坛中发酵而成。	Pickle ingredients such as fresh pork, fish, pepper, potato, sweet potato and wax gourd. Cut pickled food into slices. Mix with stir-frying thick rice noodles and put into fermentation jar.
油浸 Oil-soaking	将鲜肉腌制、油炸后，连同油一起装入坛中浸泡，使肉、油融合，肉软糯细腻，这种方法可以充分体现鲜肉的风味。	Preserve fresh pork with salt and coak in jar with oil after frying. Delicacy of pork could be preserved to the most in this way.

附录C
（资料性）
贵州辣椒蘸水英译示例

表C.1　贵州辣椒蘸水英译法示例

名称	中文	英文
素辣椒蘸水 Maigre Chillies Sauce	用煳辣椒面、盐、酱油、味精、姜米、蒜泥、葱花制成，还可以加入水豆豉、豆腐乳、芹菜末、香菜末、折耳根末、苦蒜末、花椒粉、草本木姜花或木本木姜油调制，食用时舀入所要蘸食的菜汤或用白开水兑稀。因其全素无油称作素辣椒蘸水，基本适合于各类菜肴配味，多用于素菜辣椒蘸水。	Maigre chillies sauce is made of mashed dry chillies, salt, soy sauce, aginomoto, minced ginger, garlic paste and chopped green onion. It is added into juicy fermented soybeans, fermented bean curd, paste of celery, coriander, houttuynia cordata, bitter garlic, wild chillies and flower or oil of litsea cubeba. It is diluted by soup or boiling water for food. Being oil-free explains why it is called maigre chillies sauce, widely used for side dish of many dishes especially maigre food.
水豆豉蘸水 Juicy Fermented Soybeans Sauce	在素蘸水基础上添加水豆豉制作，用水豆豉、煳辣椒面、盐、酱油、味精、木姜花、姜米、蒜泥、葱花制成，还可以加入香菜末、折耳根末、苦蒜末调制。	Juicy fermented soybeans sauce is processed from maigre chillies sauce. It is added into juicy fermented soybeans and made of mashed dry chillies, salt, soy sauce, aginomoto, flower of litsea cubeba, minced ginger, garlic paste and chopped green onion. It is added into paste of houttuynia cordata, aginomoto and bitter garlic.

续表

名称	中文	英文
烧青椒蘸水 Burned Green Pepper Sauce	烧青椒、烧西红柿剁碎或舂蓉后混合，加盐、酱油、醋、味精、姜米、蒜泥、葱花，通常需要添加煳辣椒使用，或者加入木姜子油、香菜末、芹菜末、折耳根末、苦蒜末等调制。	Grind burned green pepper and tomato into paste. Add into salt, soy sauce, vinegar, aginomoto, minced ginger, garlic paste, chopped green onion, usually mashed dry onion, or oil of litsea cubeba, paste of coriander , celery , houttuynia cordata and bitter garlic.
油辣椒蘸水 Oil-fried Chillies Sauce	用油辣椒、盐、酱油、醋、味精、脆臊末（或肉末）、姜米、蒜泥、葱花、香菜末等制成，还可以加入烘干压碎的豆豉粑末、花椒粉、水豆豉、豆腐乳、芹菜末等调制。	Oil-fried chillies sauce is made of fried oil-soaked chillies, salt, soy sauce, vinegar, aginomoto, meat paste, minced ginger, garlic paste, chopped green onion, paste of houttuynia cordata and added into baked paste of fermented soybeans, dry wild chilli paste, juicy fermented soybeans, fermented bean curd and celery paste.
糟辣椒蘸水 Sauce of Salt-pickled Fresh Chillies	辣椒蘸水一般不加调料，只在糟辣椒中加些葱花、香菜末、折耳根末、苦蒜末等香味辅料，或将糟辣椒用熟菜籽油炒香后加入香味辅料即可。	Sauce of salt-pickled fresh chillies usually needs no extra spices, but needs only chopped green onion, side spices such as paste of coraindner, houttuynia cordata and bitter garlic. Salt-pickled fresh chillies can also be fried by burning colza oil and added into some side spices.

续表

名称	中文	英文
辣椒酱蘸水 Chillies Paste Sauce	辣椒酱蘸水的制作方法与糟辣椒蘸水差不多，还可以将辣椒酱用熟菜籽油炒香后加一些葱花、香菜末、折耳根末、苦蒜末等香味辅料。	Chillies paste sauce shares the same processing method of sauce of salt-pickled fresh chillies. Chillies paste can be fried by burning colza oil and added into side spices such as chopped green onion, paste of corainder, houttuynia cordata and bitter garlic.

续表

菜名	英文
贵阳丝娃娃	Guiyang Vegetarian Spring Rolls
遵义豆花面	Tofu Noodles, Zunyi Style
遵义羊肉粉	Mutton Rice Noodles, Zunyi Style
兴义羊肉粉	Mutton Rice Noodles, Xingyi Style
水城羊肉粉	Mutton Rice Noodles, Shuicheng Style
花溪牛肉粉	Beef Rice Noodles, Huaxi Style
安顺牛肉粉	Beef Rice Noodles, Anshun Style
兴仁牛肉粉	Beef Rice Noodles, Xingren Style
布依牛肉粉	Beef Rice Noodles, Buyi Minority Style
贵阳牛肉粉	Beef Rice Noodles, Guiyang Style
遵义牛肉粉	Beef Rice Noodles, Zunyi Style
遵义米皮	Steamed Rice Roll, Zunyi Style
安龙剪粉	Hand-made Bean Jelly, Anlong Style
榕江卷粉	Steamed Rice Roll, Rongjiang Style
贞丰糯米饭	Zhenfeng Sticky Rice
姊妹饭	Colorful Sticky Rice
社饭	Sacrificial Food for She Day of Tu Minority
金州三合汤	Jinzhou Triple Soup
洋芋粑	Fried Potato Paste
贵阳烤肉	Barbecue of Guiyang Style
雷家豆腐圆子	Tofu Ball with Fillings of the Lei Family
破酥包	Crispy Steamed Stuffed Buns
老贵阳烤鸡	Roasted Chicken from the Past Guiyang

续表

菜名	英文
手搓冰粉	Hand-made Icy Powder
肠旺面	Noodles Seasoned with Diced Pork Intestine and Boiled Blood Curd
杠子面	Hand-made Noodles by Rolling Pin

附 录E
（资料性）
贵州名菜菜名译法示例

表E.1 贵州名菜菜名译法示例

菜名	英文
酸菜折耳根	Chinese Suancai（Pickled Vegetables）with Houttuynia Cordata
水豆豉蕨菜	Edible Ferns with Fermented Soybeans Sauce
西柿酱卷皮	Steamed Rice Roll with Tomato Sauce
酸汤米豆腐	Rice Tofu Made from Sour Soup
菜汁米豆腐	Rice Tofu Made from Vegetable Juice
凉拌莴笋干	Sauced Dried Lettuce
爽口小秋笋	Tasty Autumn Bamboo Shoots
雪菜拌毛豆	Green Soybeans with Pickled Vegetables
黔珍黑木耳	Guizhou Rare Black Fungus
葱花苞豆腐	Stir-frying Tofu with Chopped Green Onion
烧椒拌茄子	Sliced Eggplant Sauced with Sliced Burned Green Pepper
烧椒拌海带	Kelp Sauced with Sliced Burned Green Pepper
侗家古烧鱼	Traditional Braised Fish in Brown Sauce, Dong Minority Style
酸笋拌牛肉	Sliced Beef Sauced with Pickled Bamboo Shoots
酸菜拌毛肚	Beef Tripe with Chinese Suancai（Pickled Vegetables）
民族风擂椒	Ground Burned Green Pepper with Minority Style
苗家田鱼冻	Paddy Field Fish Jelly, Miao Minority Style
擂椒风味鸡	Tasty Chicken Sauced with Ground Burned Green Pepper
擂椒拌凤爪	Chicken Claws Sauced with Ground Burned Green Pepper

续表

菜名	英文
苗家鼓藏肉	Pork for Guzang Festival of the Miao Minority
蘸水折耳根	Hottuynia Cordata with Chillies Sauce
辣酱蘸魔芋	Konjak Sauced with Chillies Sauce
蘸水蕨菜结	Edible Fern Knots with Chillies Sauce
蘸水鲜毛肚	Fresh Beef Tripe Rinsed in Sauce
黄瓜蘸白肉	Sliced Boiled Pork with Sliced Cucumber in Sauce
蘸水猪耳卷	Pig Ear Rolls Rinsed in Sauce
血浆米香鸡	Rice-fragrant Chicken Fried with Sauced Blood
蘸水鸡腿卷	Chicken Drumsticks Rolls Rinsed in Sauce
三色猪皮冻	Three-colored Pig Skin Jelly
蘸水墨鱼仔	Small Cuttlefish Rinsed in Sauce
果仁醉菠菜	Nut-sauced Spinach
生态菜团子	Sauced Ecological Vegetables
冰梅酱雪莲	Snow Lotus Sauced with Iced Plum Paste
爽口韭菜根	Spicy Roots of Garlic Chives
香水浸黄豆	Soybeans Soaked in Fragrant Sauce
酱卤核桃果	Sauce-marinated Walnut Kernels
古镇状元蹄	Zhuangyuan Ti of Qingyan Ancient Town（Braised Pig Pettitoes for Champions in Ancient Imperial Examinations）
春色白肉卷	Sliced Boiled Pork with Fillings of Spring Vegetables
蛋黄里脊卷	Tenderloin Rolls with Egg Yolk Filling
糯米酿猪手	Brewed Pig Pettitoes with Sticky Rice Filling
白菜烩小豆	Braised Red Bean with Chinese Cabbage
薄荷洋芋片	Sliced Potato with Mint Leaves
野菜炒豆腐	Fried Tofu with Wild Vegetables
苦蒜炒豆腐	Stir-frying Tofu with Chrysanthum

续表

菜名	英文
脆哨炒豆渣	Stir-frying Soybeans Residue with Crispy Pork Cubes
香辣赤水笋	Fragrant Hot Chishui Bamboo Shoots
油渣炒莲白	Stir-frying Cabbage with Fried Pork Fat Residue
火腿炒莲藕	Fried Lotus Root with Hams
腌肉莴笋皮	Stir-Frying Sliced Lettuce with Salt-Pickled Pork
酸菜炒汤圆	Stir-frying Dumplings with Chinese Suancai（Pickled Vegetables）
贵州宫保鸡	Kung Pao Chicken, Guizhou Style
泡椒猪板筋	Stir-frying Pork Back-Strap with Pickled Chillies
泡椒炒蹄皮	Stir-frying Pig Pettitoes Skin with Pickled Chillies
锅巴小糯肉	Crispy Fried Rice Crust with Glutinous Pork
耳根油底肉	Stir-frying Preserved Sliced Pork from Oil with Houttuynia Cordata
青椒炒酥肉	Stir-frying Crispy Sliced Pork with Green Pepper
蕨粑炒腊肉	Stir-frying Preserved Pork with Fern-made Cake
风味小炒肉	Stir-frying Sliced Pork with Special Flavor
青椒小河虾	Stir-frying River Shrimp with Green Pepper
黔北坨坨肉	Shreded Pork of Northern Guizhou
怪噜红烧肉	Braised Pork with Various Spices
水豆豉蹄花	Stewed Pig Pettitoes with Juicy Fermented Soybeans
锅巴酸三鲜	Pickled Three Delicacies with Crispy Fried Rice Crust
野笋烧牛肉	Braised Beef with Wild Bamboo Shoots
薏香山羊排	Braised Lamb Chop with Barley
鸡腿烧山药	Braised Chicken Drumsticks with Chinese Yam
荞面鸡三件	Buckwheat Noodles with Three Chicken Giblets
夜郎枸酱鸭	Duck with Yelang Wolf Berry Jam

续表

菜名	英文
米豆腐花蟹	Braised Spotted Crab with Rice Tofu
腊味小合蒸	Steamed Assortment of Preserved Meat
盐菜蒸扣肉	Steamed Pork with Pickled Vegetables
西米小仔排	Steamed Spareribs with Sago
黔厨扣蹄髈	Braised Pig Pettitoes, Guizhou Style
糟椒蒸鱼头	Steamed Fish Head with Salt-pickled Fresh Chillies
古法盗汗鸡	Steamed Chicken in Zhenfeng Steaming Boiler with Ancient Cooking Technique
阴包谷猪脚	Braised Pig Pettitoes with Preserved Sun-dried Corn
草根排骨汤	Simmered Ribs Soup with Edible Grass Root
苗家酸汤菜	Vegetables in Sour Soup, Miao Minority Style
蘸水素瓜豆	Boiled Maigre Green Pumpkin and Soybeans Rinsed in Sauce
白酸稻田鱼	Simmered Paddy Field Fish in White Sour Soup
酸汤鱼火锅	Fish Hotpot in Sour Soup
酸菜稻田鱼	Stewed Paddy Field Fish with Chinese Suancai (Pickled Vegetables)
酸汤墨鱼仔	Simmered Small Cuttlefish in Sour Soup
乡村一锅香	Rural One-pot Fragrance
酸汤老烟刀	Stewed Pig Pettitoes in Sour Soup
酸汤全牛锅	Beef Hotpot in Sour Soup
酸汤农夫鸭	Rural Farmer-feeding Duck in Sour Soup
软哨豆米锅	Ormosia Hotpot with Soft Fried Diced Porks
市井酸辣烫	Sour Hotpot in Follk
温泉跳水肉	Lightly Simmered Pork
家常清汤锅	Common Hotpot, Home Style

续表

菜名	英文
肉圆连渣捞	Porridge Simmered with Meatballs
扎佐蹄髈锅	Hotpot of Stewed Pig Pettitoes in Zhazuo Town
腊猪脚火锅	Hotpot of Salt-preserved Pig Pettitoes
肉饼鸡火锅	Hotpot of Meat Pie and Chicken
花溪鹅火锅	Goose Hotpot, Huaxi Style
带皮牛肉锅	Hotpot of Beef Skin
原汤羊肉锅	Hotpot of Originally Simmered Mutton Soup
乡村老腊肉	Preserved Pork, Pastoral Style
青椒童子鸡	Stir-frying Chicken with Green Pepper
鸡哈豆腐锅	Hotpot of Simmered Chicken with Tofu
啤酒鸭火锅	Hotpot of Beer-simmered Duck
親妈火盆鸭	Home-style Brazier Duck
黄焖牛肉锅	Hotpot of Braised Beef
晾杆肥牛锅	Hotpot of Fat Beef Hung on Airing Rod
青椒河鲜鱼	Simmered River Fish with Green Pepper
炝锅鱼火锅	Hotpot of Quick-frying Fish
泡椒牛蛙锅	Hotpot of Simmered Bullfrog with Salt-pickled Fresh Chillies
香辣洋芋锅	Hotpot of Fragrant Hot Potato
土家干锅鱼	Dry-frying Fish, Tu Minority Style
香锅毛肚鸡	Dry-frying Fragrant Chicken and Beef Tripe
肥肠排骨锅	Hotpot of Fatty Pork Intestines and Ribs
青菜牛肉锅	Hotpot of Simmered Vegetables and Beef
侗家香羊瘪	Hotpot of To-be Digested Forage within Fragrant Goat, Dong Minority Style
带皮羊肉锅	Hotpot of Simmered Skin Mutton

续表

菜名	英文
安居卤三脚	Anju Braised Duck Drumsticks
老水城烙锅	Traditional Hot Pan, Shuicheng Style
花溪牛肉粉	Beef Rice Noodles, Huaxi Style
遵义羊肉粉	Mutton Rice Noodles, Zunyi Style
辣鸡丁米皮	Rice Roll with Spicy Diced Chicken
香肉锅巴粉	Rice Noodles with Fragrant Meat and Crispy Fried Rice Crust
农家锅巴饭	Rural Meal of Crispy Fried Rice Crust
五色糯米饭	Five-colored Sticky Rice
鸭肉糯米饭	Sticky Rice with Duck
苗家鸡稀饭	Chicken Porridge, Miao Minority Style
土家族社饭	Sacrificial Food for She Day of Tu Minority
灌汤八宝饭	Eight-spices Rice with Soup
贵阳肠旺面	Guiyang Noodles Seasoned with Diced Pork Intestine and Boiled Blood Curd
遵义豆花面	Tofu Noodles,Zunyi Style
兴义杠子面	Hand-made Noodles by Rolling Pin, Xingyi Style
酸汤龙骨面	Pig Bone Noodles in Sour Soup
鸡枞薏仁面	Noodles with Collybia Albuminosa and Barley
石板芙蓉包	Crispy Steamed Stuffed Buns of Shiban Town
百年丝娃娃	Vegetarian Spring Rolls of Time-honored Brand
兴义刷把头	Steamed Pork Dumplings with Shape of Brush, Xingyi Style
遵义鸡蛋糕	Baked Egg Cake, Zunyi Style
山野五色饺	Five-colored Dumplings with Wild Edible Vegetables
大山洋芋粑	Rural Fried Potato Paste

续表

菜名	英文
百年小米鲊	Steamed Sticky Rice with Brown Sugar of Time-honored Brand
农家金裹银	Rural Silver Wrapped by Gold（Rice Covered by Light-frying Egg Yolk）
油炸包谷粑	Fried Corn Paste
恋爱豆腐果	Tofu Ball with Fillings of Spices
百年豆腐丸	Fried Tofu Balls of Centenary Time-honored Brand
威宁贡荞酥	Baked Buckwheat Cake in Weining County
炒人工荞饭	Stir-frying Hand-made Buckwheat Rice
农家烙荞饼	Rural Oil-free Fried Buckwheat Paste
酸菜荞疙瘩	Buckwheat Simmered with Chinese Suancai（Pickled Vegetable）
玫瑰糖冰粉	Icy Powder with Rose Sugar
糕粑佐稀饭	Cake Porridge
遵义黄糕粑	Steamed Rice Cake with Brown Sugar, Zunyi Style
鸡肉小汤圆	Dumplings with Fillings of Chickens
布依枕头粽	Pillow-shape Zongzi, Buyi Minority Style
深山清明粑	Rural Hand-made Cake Made of Affine Cudweed
糯米小包子	Steamed Stuffed Buns with Fillings of Sticky Rice
小豌豆凉粉	Pea-made Bean Jelly
山药大寿桃	Peach-shaped Chinese Yam Ball
银耳石榴米	Porridge with Tremella and Pomegranate

ICS 67.020
CCS H 62

T/QLY

团 体 标 准

T/QLY 004—2021

黔菜餐饮服务规范

Standard for Catering Service of Guizhou Cuisine

2021-11-19发布 2021-11-22实施

贵州旅游协会 发布

目 次

前　言

本文件按照 GB/T 1.1—2020《标准化工作导则　第1部分：标准化文件的结构和起草规则》的规定起草。

本文件由贵州省文化和旅游厅、贵州省商务厅提出。

本文件由贵州旅游协会归口。

本文件主要起草单位：贵州轻工职业技术学院、黔菜发展协同创新中心、贵州省吴茂钊技能大师工作室、贵州省张智勇技能大师工作室、国家级秦立学技能大师工作室、省级孙俊革劳模工作室、贵州酒店集团有限公司·贵州饭店有限公司、贵州鼎品智库餐饮管理有限公司、黔西南州商务局、三穗鸭产业发展领导小组办公室、黔西南州饭店餐饮协会、遵义市红花岗区烹饪协会、遵义市红花岗区餐饮行业商会、绥阳县黔厨职业技术学校、贵州大学后勤管理处饮食服务中心、贵州雅园饮食集团·新大新豆米火锅（连锁）·雷家豆腐圆子（连锁）、贵州圭鑫酒店管理有限公司、贵州黔厨实业（集团）有限公司、贵阳仟纳饮食文化有限公司·仟纳贵州宴（连锁）、贵州龙海洋皇宫餐饮有限公司·黔味源、贵州亮欢寨餐饮娱乐管理有限公司（连锁）、贵阳四合院饮食有限公司·家香（连锁）、贵州怪噜范餐饮管理有限公司（连锁）、贵州盗汗鸡餐饮策划管理有限责任公司、贵州吴宫保酒店管理有限公司、息烽县叶老大阳朗辣子鸡有限公司、贵阳大掌柜辣子鸡黔味坊餐饮（连锁）、贵阳大掌柜牛肉粉（连锁）、遵义市冯家豆花面馆（连锁）、闵四遵义羊肉粉馆（连锁）、红花岗区蕺品黔味蕴子鸡馆、遵义张安居餐饮服务有限公司、兴义市追味餐饮服务有限公司（连锁）、贵州君怡餐饮管理服务有限公司、贵州夏九九餐饮有限公司·九九兴义羊肉粉馆（连锁）、晴隆县郑开春餐饮服务有限责任公司·豆豉辣子鸡、兴仁县黔回味张荣彪清真馆、贵州刘半天餐饮管理有限公司、贵州胖四娘食品有限公司、兴义市老杠子面坊餐饮连锁发展有限公司、三穗县翼宇鸭业有限公司、三穗县美丫丫火锅店、三穗县食为天三穗鸭餐厅。

本文件主要起草人：王涛、任艳玲、吴茂钊、秦立学、徐楠、杨丽彦、黄涛、杨学杰、吴文初、杨欢欢、肖喜生、李翌婼、夏雪、潘正芝、范佳雪、吴疏影、黄永国、庞学松、古德明、张乃恒、刘黔勋、杨波、洪钢、胡文柱、陆文广、王文军、张智勇、雷建琼、王祥、张建强、龙凯江、娄孝东、刘海风、潘绪学、高小书、王利君、梁伟、钱鹰、欧洁、陈克芬、何花、杨娟、李支群、任玉霞、冯其龙、龙会水、郑火军、刘公瑾、关鹏志、谢德弟、郝黔修、任亚、邓一、樊嘉、雷鸣、朱永平、吴泽汶、俸千惠、胡林、王德璨、徐启运、樊筑川、雁飞、宋伟奇、吴笃琴、黎力、李兴文、罗洪士、黄长青、陈英、叶春江、曾正海、孙俊革、付立刚、李永峰、梁建勇、丁振、杨绍宇、蔡林玻、郭茂江、孙武山、夏飞、郑开春、张荣彪、陈江、黄进松、林茂永、刘畑吕、马明康、万青松、涂高潮、邬忠芬、郭恩源、冉雪梅、蒲德坤、魏晓清、胡承林、李昌伶、刘宏波、叶刚、舒基霖、周俊。

黔菜餐饮服务规范

1 范围

本文件规定了黔菜餐饮服务范围的上菜程序，餐前、餐中、餐后服务流程规范。本文件适用于黔菜餐饮服务人员培训、检查和考核应用，烹饪教育与培训教材。

2 规范性引用文件

本文件没有规范性引用文件。

3 术语和定义

下列术语和定义适用于本文件。

3.1 餐饮服务

分为餐前服务、餐中服务、餐后服务。通常是无形的，具有共性和个性，在供方和顾客接触面上至少需要完成一项活动的结果，顾客对其要求已被满足的程度的感受和明示的、通常隐含的或必须履行的需求或期望。以宴会服务为例，零点服务参照宴会服务执行，自动减除不应用部分。

4 餐前服务

4.1 迎接

4.1.1 仪表端庄，衣着整洁，站立于餐厅门口一侧，面带笑容，迎接宾客。

4.1.2 见宾客前来，面带微笑，主动上前用普通话，使用敬语招呼；熟悉的顾客或常客，还可用他（她）的姓氏打招呼，以表示尊重；不熟悉的客人，则称先生、女士、太太、小姐等；问清客人人数，是否有预订，是否团体客人，然后后退半步作出“请”的姿态领台。

4.2 引座

4.2.1 走在客人左前方2～3步，按客人步履快慢行走。

4.2.2 视不同对象人数，将其领至最合适的位置。

4.3 入座

4.3.1 将客人引至桌边时，征求客人对桌子方位的意见，待客人示意同意后，请客人入座。

4.3.2 将椅子拉开，当客人坐下时，用膝盖顶一下椅背，双手同时送一下，让客人坐在离桌子合适的距离，一般以客人坐下前胸与桌子的间距为10～15 cm为宜。

4.4 茶水

4.4.1 泡茶：可事先准备好茶叶，在杯子里把茶叶先泡好；等客人来了，再泡至八分满，端送给客人。

4.4.2 端茶：端茶要用双手拿住杯子的下半部，放下时要轻；不要放置在桌边，杯柄要放在宾客的右手，并用敬语：“先生（女士），请喝茶。”

4.5 毛巾

4.5.1 一般用小方巾，要站在客人的右侧。

4.5.2 左手托住放毛巾的盘子，右手用夹子夹住小方巾送给客人。

4.5.3 天热时用冷水湿后绞干（不要太干），天冷时要用热水湿后绞干（不要太干）。

4.5.4 可适当放些花露水，四折平摊放在盘内。

5 餐中服务

5.1 上菜服务

5.1.1 上菜原则

先冷后热，先菜后点，先咸后甜，先炒后烧，先清淡后浓厚，先优质后一般。

5.1.2 上菜顺序

根据宴席主题和层次，酌情按照看盘、冷盘、冷菜、头汤（或火锅）、主菜（较高贵的名菜）、热菜（菜数较多）、甜菜、主食、点心、小吃、素汤、水果。

根据宴席的类型、特点和需要，因人因事因时而定。既不可千篇一律，又要按照宴会相对稳定的上菜程序进行，缺项直接省略。

5.1.3 上菜要求

报菜名，根据是否配辣椒蘸水、佐料、小料热菜，应同时上齐，并在上菜时可略作说明。特殊菜肴可略作说明；泥包、面点、荷叶包的菜，要先上台让客人观赏后，再拿到操作台上当着客人的面打破或启封，以保持菜肴的香味和特色。

5.1.4 摆菜要求

摆菜即是将上台的菜按一定的格局摆放好。要讲究造型艺术，注意礼貌，尊重主宾，方便食用。长盘菜肴盘子应横向朝主人。整鸭、整鸡、整条鱼时，中国传统的礼貌习惯是“鸡不献头，鸭不献掌，鱼不献脊”，即上菜时将其头部一律向右，脯（腹）部朝主人，表示对客人的尊重。

5.2 餐中服务

5.2.1 基本要求

较高级的酒席、宴会，往往需要两种以上酒水饮料品种，并配有冷、热、海鲜、汤、羹、甜、咸、炒、烩、扒、煎等不同的菜品，需要及时地更换小件餐具、用具。宴会前的准备工作应将所需物品备齐待用。

5.2.2　用餐中换骨碟

骨碟在西餐中叫餐碟。宾客在用餐过程中，遇有以下情况需要更换骨碟：凡是吃过冷菜换吃热菜时；凡装过鱼腥味食物的骨碟，再吃其他类型菜肴时；用汁芡各异、味道有别的菜肴时；出现骨碟洒落酒水、饮料时；骨碟摆放，然后，从客人的左侧将用过的骨碟撤下。撤碟时不可交叉叠撤。

5.2.3　撤小毛巾与餐巾

客人用水果前，应将擦手毛巾（冬天用热的，夏天用温的）递与宾客，客人用过后应及时用毛巾夹取下餐台。如用毛巾碟，应一同取走撤下。客人用餐完毕离席后，应在撤餐具前先将餐巾撤离餐台。

5.2.4　撤骨碟、小汤碗

宴会进行到最后时，应是上水果及茶的阶段。在上水果碟前，应将餐台上的小件餐具进行清理，在清理过程中，将吃菜点用的骨碟、小汤碗撤掉，换摆水果吃碟及果刀、果叉。

5.2.5　撤菜盘

撤菜盘掌握在上水果前进行。上水果前，可将餐台上的残菜盘撤净。有必要时，可做简单的餐台清理，而后将水果摆放于餐台当中。

5.3　斟酒服务

5.3.1　姿势

站在客人身后右侧，左手用小圆盘托住酒水，右手拿酒瓶倒酒，拿酒瓶的方法一种是直拿，另一种是横拿；身体与客人不要离得太远，也不要太近，大约15 cm。

5.3.2　顺序

从客人的右边进行，从主宾斟起，先宾后主，先女后男；朝着顺时针方向进行（一切饮料、茶水均按照此顺序进行）。

5.3.3 注意事项

斟酒时，应注意以下事项：

①斟酒水的时候，先征求客人意见，看客人喜欢什么然后再斟；倒酒时应拿酒瓶的下半部，酒的商标朝外，以便客人了解是何种酒；酒瓶打开后要用口布擦一下瓶口；倒酒不要太满，八分左右；倒完酒后要把瓶转一下，并用口布擦干，以防酒水滴在客人身上；倒酒时切忌左右开弓；倒酒时酒瓶不要拿得太高，倒完酒后，把瓶往右转动，以免溅出杯外，也不要碰上酒杯，以免碰翻酒杯；倒酒后，酒瓶不要从客人头上越过；倒啤酒，可沿着杯壁倒下，速度不要太快。

②随时注意客人的饮酒情况，如看见客人杯中的酒水还有1/3时，就要给客人斟酒；切不可拖到客人空杯时，才给客人倒酒；斟酒也要八分满。

③主宾或主人离席发表祝辞时，主台服务人员在托盘内摆好红、白酒各一杯，待讲话完毕时递给讲话人；客人去各桌敬酒时，服务人员应随其身后及时斟酒。

5.4 特殊服务

5.4.1 劝菜

以宴请女主人为代表的重要家庭成员，不停地在宾客边上整理碗盘中菜肴，并不停地往宾客碗中添主菜、大菜、肉菜。

5.4.2 高山流水敬酒

在拦门酒、进门酒基础上衍生而来，民族餐饮中盛行，顾客点单或询问后，按照不同民族风味，多为5～6罐酒重叠往下，通过酒碗为顾客倒酒，旅游表演最多99罐酒左右并行，娱乐为主，切忌大量灌酒。

6 餐后服务

6.1 结账服务

6.1.3 客人签字，应为客人指点签字处：“请将您的姓名和房号签在这儿。”并核实签名、房号。

6.1.4 收受现金要点清，并唱票；刷卡支付提供POS机，签字确认；微信支付或支付宝支付提供二维码，现场确认已支付。

6.1.5 找零、POS机签字单与发票，放置于收银盘或收银夹内一起交还给客人。

6.1.6 结账完毕后，向客人表示感谢。

6.1.7 必要时，请客人填写征求顾客意见单。

6.1.8 不收小费和客人馈赠的礼品。

6.2 送客

6.2.1 微笑送别客人，用敬语：“再见，欢迎再次光临。”

6.2.2 如在楼上，应在就近梯口，为客人按电梯电铃，送客人进电梯。

附录A
（资料性）
黔菜宴会上菜程序

表A.1　黔菜宴会上菜程序

序号	项目	要求
1	上菜原则	先冷后热，先菜后点，先咸后甜，先炒后烧，先清淡后浓厚，先优质后一般。
2	上菜顺序	1. 根据宴席主题和层次，酌情按照看盘、冷盘、冷菜、头汤（或火锅）、主菜（较高贵的名菜）、热菜（菜数较多）、甜菜、主食、点心、小吃、素汤、水果。 2. 根据宴席的类型、特点和需要，因人因事因时而定。既不可千篇一律，又要按照宴会相对稳定的上菜程序进行，缺项直接省略。
3	上菜要求	1. 配辣椒蘸水、佐料、小料热菜，应同时上齐，并在上菜时可略作说明。 2. 上易变形的炸爆炒菜肴，出锅即须立即端上餐桌。上菜时要轻稳，以保持菜的形状和风味，并在上菜时略作说明。 3. 上有声响的菜肴，出锅时要以最快速度端上台，随即把汤汁浇在菜品上，使之发出响声。做这一系列动作要连贯，不能耽搁，否则将失去该菜应有效果，并在上菜时略作说明。 4. 上原盅炖品菜，上台后要当着客人的面启盖，以保持炖品的原味，并使香气在席上散发。揭盖时要翻转移开，以免汤水滴落在客人身上。 5. 上泥包、面点、荷叶包的菜，要先上台让客人观赏后，再拿到操作台上当着客人的面打破或启封，以保持菜肴的香味和特色。

续表

序号	项目	要求
4	摆菜要求	摆菜即是将上台的菜按一定的格局摆放好。要讲究造型艺术，注意礼貌，尊重主宾，方便食用。 1. 摆菜的位置要适中。散坐摆菜要摆在小件餐具前面，间距要适当。一桌有几批散坐顾客的，各客的菜盘要相对集中，相互之间要留有一定间隔，以防止差错。中餐酒席摆菜，一般从餐桌中间向四周摆放。 2. 中餐酒席的大拼盘、大菜中的头菜，应摆在桌子中间。如用条盘，要先摆到主宾面前。汤菜如品锅、砂锅、暖锅、炖盅等，宜摆在桌子中间。散坐的主菜、高档菜，一般也应摆在中间位置上。 3. 比较高档的菜，有特殊风味的菜，或每上一道新菜，要先摆到主宾位置上，再上下一道菜后顺势撤摆在其他地方，将桌上菜肴作为叠图的调整，使台面始终保持美观。 4. 酒席中头菜的看面要对正主位，其他菜的看面要调向四周，看面力争朝向顾客。 5. 各种菜肴要对称摆放，要讲究造型艺术。菜盘的摆放形状一般是两个菜可并排摆成横一字形；一菜一汤可摆成竖一字形，汤在前，菜在后；两菜一汤或三个菜，可摆成品字形，汤在上，菜在下；三菜一汤可以汤为圆心，菜沿汤内边摆成半圆形；四菜一汤，汤放中间，菜摆在四周；五菜一汤，以汤为圆心摆成梅花形；五菜以上都以汤或头菜或大拼盘为圆心，摆成圆形。 6. 热菜使用长盘，其盘子应横向朝主人。整鸭、整鸡、整条鱼时，中国传统的礼貌习惯是“鸡不献头，鸭不献掌，鱼不献脊”，即上菜时将其头部一律向右，脯（腹）部朝主人，表示对客人的尊重。

附录B
（资料性）
托盘服务技术

表B.1　托盘服务技术

序号	项目	要求
1	轻托	1. 用于理盘、装盘、洗菜。 2. 理盘：将盘子洗净擦干，在盘内垫上清洁的餐巾或专用的盘布，铺平拉挺，四边与底盘相齐。 3. 装盘：根据物品形状、体积、使用的先后，进行合理装盘。一般重物、高物在内侧。 4. 先用的物品在上、在前；重量分布要得当。 5. 操作方法为左手弯曲，掌心向上，五指分开。 6. 用手指和手托盘底（掌心不与盘底接触）平托于胸前，略低于胸部。
2	重托	1. 主要用于托送菜点、酒水、盘碟等，盘中重量一般在10 ~ 30 kg。 2. 理盘：使用前，要仔细检查擦洗，无油腻。 3. 操作方法为左手伸开五指，用全掌托住盘底掌握好重心后，用右手协助；将盘向上托起，同时左手向上弯曲，臂助向左向后反掌，盘子随之向左向后旋转180°，由左手擎托左肩上方。
3	操作要领	1. 操作要“平”；起托、后转、擎托和放盘时，都要掌握好重心、保持平稳、汤汁不得外溢；行走时要盘平、肩平、两眼平视前方。 2. 操作要“稳”：装盘要合理稳妥，不要装载力不能及的重量；擎把盘稳不晃动，行走步稳不摇摆，穿越灵活不碰撞。 3. 操作要“松”：动作表情要显得轻松胜任，面部表情自然；上身挺直，不歪扭，行走自如，步伐不乱。
4	注意事项	1. 勿将拇指伸入盘内。 2. 托盘行走时，要注意避开地面障碍物。 3. 托盘下放时，要弯膝不弯腰，以防汤汁外溢或翻盘。

ICS 67.020
CCS H 62

T/QLY

团　体　标　准

T/QLY 011—2021

传统黔菜
白酸汤鱼烹饪技术规范

Traditional Guizhou Cuisine：Standard for Cuisine Craftsmanship of Fish Simmered in White Sour Soup

2021-09-28发布　　2021-10-01实施

贵州旅游协会　发布

目 次

前　言

本文件按照GB/T 1.1—2020《标准化工作导则　第1部分：标准化文件的结构和起草规则》的规定起草。

本文件由贵州省文化和旅游厅、贵州省商务厅提出。

本文件由贵州旅游协会归口。

本文件起草单位：贵州轻工职业技术学院、贵州亮欢寨餐饮娱乐管理有限公司（连锁）、贵州大学后勤管理处饮食服务中心、贵州鼎品智库餐饮管理有限公司、贵州雅园饮食集团、贵阳仟纳饮食文化有限公司·仟纳贵州宴（连锁）、贵州龙海洋皇宫餐饮有限公司·黔味源、贵阳四合院饮食有限公司·家香（连锁）、贵州黔厨实业（集团）有限公司、贵州圭鑫酒店管理有限公司、绥阳县黔厨职业技术学校、黔西南州饭店餐饮协会、贵州盗汗鸡餐饮策划管理有限责任公司、兴义市追味餐饮服务有限公司、国家级秦立学技能大师工作室、贵州省吴茂钊技能大师工作室、贵州省张智勇技能大师工作室、省级·市级钱鹰名师工作室。

本文件主要起草人：吴茂钊、吴笃琴、黎力、李兴文、罗洪士、刘黔勋、杨波、洪钢、胡文柱、徐楠、杨丽彦、黄涛、杨学杰、吴文初、杨欢欢、肖喜生、王涛、任艳玲、李翌婼、夏雪、潘正芝、范佳雪、钱鹰、张智勇、张乃恒、张建强、龙凯江、娄孝东、潘绪学、高小书、王利君、梁伟、孙武山、杨绍宇、欧洁、陈克芬、何花、邓一、樊嘉、吴泽汶、俸千惠、胡林、樊筑川、雁飞、宋伟奇、王德璨、徐启运、杨娟、任玉霞。

引 言

0.1 菜点源流

苗族，主要分布在贵州、湖南，周边广西、海南、四川、重庆及东南亚、美国等地亦有分布，多嗜酸食。聚居在贵州的苗族人家历来嗜好食用酸汤；家家都有酸汤缸，人人爱吃酸汤菜，素有“三天不吃酸，走路打窜窜”的说法。苗族人民喜欢种稻时养鱼在稻间，鱼稻共生的稻田“稻花鱼”，用酸汤煮食，成为传世美味，大有黔菜第一菜的发展趋势，酸汤鱼主题餐饮企业开到海内外。

0.2 菜点典型形态示例

白酸汤鱼 （黎力、罗洪士/制作 潘绪学/摄影）

传统黔菜　白酸汤鱼烹饪技术规范

1　范围

本文件规定了传统黔菜白酸汤鱼烹饪技术规范的原料及要求、烹饪设备与工具、制作工艺、盛装、感官要求、最佳食用时间与温度。

本文件适用于传统黔菜白酸汤鱼的加工烹制，烹饪教育与培训教材。

2　规范性引用文件

下列文件中的内容通过文中的规范性引用而构成本文件必不可少的条款。其中，注日期的引用文件，仅该日期对应的版本适用于本文件；不注日期的引用文件，其最新版本（包括所有的修改单）适用于本文件。

GB 2720《食品安全国家标准　味精》

GB 2721《食品安全国家标准　食用盐》

GB 5749《生活饮用水卫生标准》

GB/T 8937《食用猪油》

GB/T 30391《花椒》

SB/T 10371《鸡精调味品》

T/QLY 002《黔菜术语与定义》

3　术语和定义

T/QLY 002界定的术语和定义适用于本文件。

4　原料及要求

4.1　主配料

4.1.1　白酸汤4 000 mL。

4.1.2　稻花鱼1 500 g。

4.1.3　西红柿150 g。

4.1.4　黄豆芽50 g。

4.1.5　青线椒20 g。

4.2　调味料

4.2.1　木姜子10 g。

4.2.2　鲜花椒10 g，应符合GB/T 30391的要求。

4.2.3　盐6 g，应符合GB 2721的要求。

4.2.4　鸡精10 g，应符合SB/T 10371的要求。

4.2.5　味精10 g，应符合GB 2720的规定。

4.2.6　化猪油20 mL，应符合GB/T 8937的要求。

4.3　料头

4.3.1　蒜苗10 g。

4.3.2　鱼柳3 g。

4.3.3　酸汤鱼辣椒蘸水每人份，应符合T/QLY 002的规定。

4.4　加工用水

应符合 GB 5749的规定。

5　烹饪设备与工具

5.1　设备

火锅及配套设备。

5.2　工具

菜墩、刀具等。

6　制作工艺

6.1　初加工

6.1.1　稻花鱼用清水喂养3天吐出泥腥，从鱼鳃边第3片鳞处取出苦胆，治净。

6.1.2　西红柿洗净，切成大圆片或撕成块；青线椒、蒜苗分别洗净，切成5 cm长的段；黄豆芽淘洗，控水。

6.2　加工

火锅盆中垫入黄豆芽，掺入白酸汤，加木姜子、鲜花椒、盐、味精、鸡精、化猪油；下稻花鱼、西红柿片、青线椒段，撒蒜苗段、鱼柳，烧沸，连锅上桌，开火，配酸汤鱼辣椒蘸水。

7　盛装

7.1　盛装器皿

火锅，蘸水碗。

7.2　盛装方法

码装，带火，带辣椒蘸水。

8　感官要求

8.1　色泽

汤色清亮，油淡清爽。

8.2　香味

酸鲜浓郁，飘香四溢。

8.3　口味

开胃食欲，蘸食辣爽。

8.4　质感

鱼肉细嫩，风味独特。

9 最佳食用时间与温度

菜肴出锅后，食用时间以不超过30 min为宜，食用温度以57～75 ℃为宜。

ICS 67.020
CCS H 62

T/QLY

团 体 标 准

T/QLY 012—2021

传统黔菜
红酸汤鱼烹饪技术规范

Traditional Guizhou Cuisine：Standard for Cuisine Craftsmanship of
Fish Simmered in Wild Tomato-pickled Sour Soup

2021-09-28发布 2021-10-01实施

贵州旅游协会 发布

目　次

前　言

本文件按照GB/T 1.1—2020《标准化工作导则　第1部分：标准化文件的结构和起草规则》的规定起草。

本文件由贵州省文化和旅游厅、贵州省商务厅提出。

本文件由贵州旅游协会归口。

本文件起草单位：贵州轻工职业技术学院、贵州亮欢寨餐饮娱乐管理有限公司（连锁）、贵州大学后勤管理处饮食服务中心、贵州鼎品智库餐饮管理有限公司、贵州雅园饮食集团、贵阳仟纳饮食文化有限公司·仟纳贵州宴（连锁）、贵州龙海洋皇宫餐饮有限公司·黔味源、贵阳四合院饮食有限公司·家香（连锁）、贵州黔厨实业（集团）有限公司、贵州圭鑫酒店管理有限公司、绥阳县黔厨职业技术学校、黔西南州饭店餐饮协会、贵州盗汗鸡餐饮策划管理有限责任公司、兴义市追味餐饮服务有限公司、国家级秦立学技能大师工作室、贵州省吴茂钊技能大师工作室、贵州省张智勇技能大师工作室、省级·市级钱鹰名师工作室。

本文件主要起草人：吴茂钊、吴笃琴、黎力、李兴文、罗洪士、刘黔勋、杨波、洪钢、胡文柱、徐楠、杨丽彦、黄涛、杨学杰、吴文初、杨欢欢、肖喜生、王涛、任艳玲、李翌婼、夏雪、潘正芝、范佳雪、钱鹰、张智勇、张乃恒、张建强、龙凯江、娄孝东、潘绪学、高小书、王利君、梁伟、孙武山、杨绍宇、欧洁、陈克芬、何花、邓一、樊嘉、吴泽汶、俸千惠、胡林、樊筑川、雁飞、宋伟奇、王德璨、徐启运、杨娟、任玉霞。

引　言

0.1　菜点源流

改革开放后，餐饮业兴起。名不见经传的苗家酸汤饮食在餐厅出现，并以火锅形式一炮走红。出现在白酸汤火锅的基础上添加西红柿酸腌泡的红酸酱，继而又在发展中开始添加糟辣椒，有的还混合磨浆成酱料调入，多以江团为主料。色更艳，味更美，鱼更鲜嫩。

0.2　菜点典型形态示例

红酸汤鱼　　（黎力、罗洪士/制作　潘绪学/摄影）

传统黔菜　红酸汤鱼烹饪技术规范

1　范围

本文件规定了传统黔菜红酸汤鱼烹饪技术规范的原料及要求、烹饪设备与工具、制作工艺、盛装、感官要求、最佳食用时间与温度。

本文件适用于传统黔菜红酸汤鱼的加工烹制，烹饪教育与培训教材。

2　规范性引用文件

下列文件中的内容通过文中的规范性引用而构成本文件必不可少的条款。其中，注日期的引用文件，仅该日期对应的版本适用于本文件；不注日期的引用文件，其最新版本（包括所有的修改单）适用于本文件。

GB 2720《食品安全国家标准　味精》

GB 2721《食品安全国家标准　食用盐》

GB 5749《生活饮用水卫生标准》

GB/T 30391《花椒》

GB/T 8937《食用猪油》

SB/T 10371《鸡精调味品》

T/QLY 002《黔菜术语与定义》

3　术语和定义

T/QLY 002界定的术语和定义适用于本文件。

4　原料及要求

4.1　主配料

4.1.1　白酸汤3 000 mL。

4.1.2　江团鱼2 000 g。

4.1.3　西红柿150 g。

4.1.4　黄豆芽50 g。

4.1.5　青线椒20 g。

4.2　调味料

4.2.1　红酸酱1 000 mL。

4.2.2　木姜子10 g。

4.2.3　鲜花椒10 g，应符合GB/T 30391的要求。

4.2.4　盐10 g，应符合GB 2721的要求。

4.2.5　鸡精8 g，应符合SB/T 10371的要求。

4.2.6　味精4 g，应符合GB 2720的要求。

4.2.7　化猪油20 mL，应符合GB/T 8937的要求。

4.3　料头

4.3.1　鱼柳3 g。

4.3.2　酸汤鱼辣椒蘸水每人份，应符合T/QLY 002的要求。

4.4　加工用水

应符合GB 5749的规定。

5　烹饪设备与工具

5.1　设备

火锅及配套设备。

5.2　工具

菜墩、刀具等。

6　制作工艺

6.1　初加工

6.1.1　江团鱼宰杀治净，背上斩成连刀块状。

6.1.2　西红柿洗净，切成大圆片或撕成块；青线椒洗净，切成5 cm长的段。

6.1.3　黄豆芽淘洗，放入火锅内垫底。

6.2　加工

火锅盆中垫入黄豆芽，掺入白酸汤，调匀红酸酱，加木姜子、鲜花椒、盐、味精、鸡精、化猪油。下江团鱼、西红柿片、青线椒段，撒鱼柳，烧沸，连锅上桌，开火，配酸汤鱼辣椒蘸水。

7　盛装

7.1　盛装器皿

火锅，蘸水碗。

7.2　盛装方法

码装，带火，带辣椒蘸水。

8　感官要求

8.1　色泽

汤色通红，清爽诱人。

8.2　香味

酸鲜浓郁，四溢飘香。

8.3　口味

鱼肉细嫩，蘸食辣爽。

8.4　质感

开胃食欲，风味独特。

9 最佳食用时间与温度

菜肴出锅后，食用时间以不超过30 min为宜，食用温度以57～75 ℃为宜。

ICS 67.020
CCS H 62

T/QLY

团　　体　　标　　准

T/QLY 013—2021

传统黔菜
宫保鸡烹饪技术规范

Traditional Guizhou Cuisine: Standard for Cuisine Craftsmanship of Kung Pao Chicken

2021-09-28发布　　2021-10-01实施

贵州旅游协会　发布

目 次

前　言

本文件按照GB/T 1.1—2020《标准化工作导则　第1部分：标准化文件的结构和起草规则》的规定起草。

本文件由贵州省文化和旅游厅、贵州省商务厅提出。

本文件由贵州旅游协会归口。

本文件起草单位：贵州轻工职业技术学院、贵州吴宫保酒店管理有限公司、贵州酒店集团有限公司·贵州饭店有限公司、贵州大学后勤管理处饮食服务中心、贵州鼎品智库餐饮管理有限公司、贵州雅园饮食集团、贵阳仟纳饮食文化有限公司·仟纳贵州宴（连锁）、贵州龙海洋皇宫餐饮有限公司·黔味源、贵州亮欢寨餐饮娱乐管理有限公司（连锁）、贵阳四合院饮食有限公司·家香（连锁）、绥阳县黔厨职业技术学校、贵州黔厨实业（集团）有限公司、贵州圭鑫酒店管理有限公司、黔西南州饭店餐饮协会、贵州盗汗鸡餐饮策划管理有限责任公司、兴义市追味餐饮服务有限公司、国家级秦立学技能大师工作室贵州省吴茂钊技能大师工作室、贵州省张智勇技能大师工作室、省级·市级钱鹰名师工作室、省级孙俊革劳模工作室。

本文件主要起草人：吴茂钊、郭恩源、冉雪梅、刘黔勋、杨波、洪钢、胡文柱、徐楠、杨丽彦、黄涛、杨学杰、吴文初、杨欢欢、肖喜生、王涛、任艳玲、李翌婼、夏雪、潘正芝、范佳雪、钱鹰、张智勇、张乃恒、张建强、龙凯江、娄孝东、潘绪学、高小书、王利君、梁伟、孙武山、杨绍宇、欧洁、陈克芬、何花、邓一、樊嘉、秦立学、孙俊革、付立刚、李永峰、梁建勇、丁振、吴泽汶、俸千惠、胡林、王德璨、徐启运、樊筑川、雁飞、宋伟奇、吴笃琴、黎力、李兴文、罗洪士、杨娟、任玉霞。

引 言

0.1 菜点源流

清朝时，贵州人丁宝桢曾被授予太子少保一职。他爱吃家乡的“辣椒炒鸡”，大家便以其官名称这道菜为“宫保鸡”。经过菜系融合，川菜中形成了“宫保鸡丁”，并扬名天下。鲁菜、宫廷菜中也有“宫保鸡丁”。黔味“宫保菜”，所用原料有鸡丁、肉花、鸡杂、猪板筋、魔芋豆腐、洋芋等，且原料形状不限于丁，可以是条、丝、片、块等形状，配料多为蒜苗段。与川菜“宫保鸡丁”的煳辣小荔枝味不同，黔菜“宫保鸡”采用糍粑辣椒和甜酱调制酱辣味。

0.2 菜点典型形态示例

宫保鸡 （郭恩源/制作 潘绪学/摄影）

传统黔菜　宫保鸡烹饪技术规范

1　范围

本文件规定了传统黔菜宫保鸡烹饪技术规范的原料及要求、烹饪设备与工具、制作工艺、盛装、感官要求、最佳食用时间与温度。

本文件适用于传统黔菜宫保鸡的加工烹制，烹饪教育与培训教材。

2　规范性引用文件

下列文件中的内容通过文中的规范性引用而构成本文件必不可少的条款。其中，注日期的引用文件，仅该日期对应的版本适用于本文件；不注日期的引用文件，其最新版本（包括所有的修改单）适用于本文件。

GB/T 1445《绵白糖》

GB 2720《食品安全国家标准　味精》

GB 2721《食品安全国家标准　食用盐》

GB 5749《生活饮用水卫生标准》

GB/T 18186《酿造酱油》

GB/T 30383《生姜》

NY/T 744《绿色食品　葱蒜类蔬菜》

SB/T 10303《老陈醋质量标准》

T/QLY 002《黔菜术语与定义》

3 术语和定义

T/QLY 002界定的术语和定义适用于本文件。

4 原料及要求

4.1 主配料

仔公鸡1只（2 000 g，实用350 g）。

4.2 调味料

4.2.1 糍粑辣椒35 g。

4.2.2 甜酱6 g。

4.2.3 盐2 g，应符合GB 2721的规定。

4.2.4 味精3 g，应符合GB 2720的规定。

4.2.5 白糖5 g，应符合GB/T 1445的规定。

4.2.6 酱油15 mL，应符合GB/T 18186的规定。

4.2.7 香醋5 mL，应符合SB/T 10303的规定。

4.2.8 鲜汤50 mL。

4.2.9 水芡粉30 g。

4.3 料头

4.3.1 姜片6 g，应符合 GB/T 30383的规定。

4.3.2 蒜珠10 g，应符合NY/T 744的规定。

4.3.3 蒜青或葱白30 g。

4.4 加工用水

应符合 GB 5749的规定。

5 烹饪设备与工具

5.1 设备

炒锅及配套设备。

5.2 工具

菜墩、刀具等。

6 制作工艺

6.1 初加工

6.1.1 仔公鸡宰杀、烫毛、剖腹、洗净，去骨，取鸡肉，用刀向里划上如松仁大小、不断开的浅花刀，切成2 cm见方的丁，用盐、酱油、水芡粉码味拌匀，略腌制。

6.1.2 蒜青或葱白洗净，切成马耳朵段。

6.1.3 取一小碗，分别放入盐、味精、白糖、酱油、香醋、鲜汤、水芡粉调制滋汁。

6.2 加工

6.2.1 炒锅置旺火上，炙锅，放入油550 mL（实耗30 mL），烧至三成热，下入码味好的鸡丁快速爆炒至散籽透心，控油。

6.2.2 锅内放入油50 mL烧热，下入糍粑辣椒炒至呈蟹黄色；加姜片、蒜珠、甜酱炒香，投入爆好的鸡丁翻炒；撒入蒜青或葱白，淋入滋汁炒转，收汁亮油。

7 盛装

7.1 盛装器皿

平盘及带底座加热盘。

7.2 盛装方法

收汁亮油，起锅装入盘内即成。

8 感官要求

8.1 色泽

色泽悦目，红润油亮。

8.2　香味

辣香味浓，香味四溢。

8.3　口味

辣而不猛，回味悠长。

8.4　质感

肉质细嫩，佐饭佳肴。

9　最佳食用时间与温度

菜肴出锅装盘后，食用时间以不超过10 min为宜，食用温度以47～57 ℃为宜。

ICS 67.020
CCS H 62

T/QLY

团　体　标　准

T/QLY 014—2021

传统黔菜
盗汗鸡烹饪技术规范

Traditional Guizhou Cuisine: Standard for Cuisine Craftsmanship of Chicken Stewed in Zhenfeng Steaming Boiler

2021-09-28发布　　2021-10-01实施

贵州旅游协会　发布

目 次

前　言

本文件按照GB/T 1.1—2020《标准化工作导则　第1部分：标准化文件的结构和起草规则》的规定起草。

本文件由贵州省文化和旅游厅、贵州省商务厅提出。

本文件由贵州旅游协会归口。

本文件起草单位：贵州轻工职业技术学院、贵州盗汗鸡餐饮策划管理有限公司、贵州省张智勇技能大师工作室、黔西南州饭店餐饮协会、贵州大学后勤管理处饮食服务中心、贵州鼎品智库餐饮管理有限公司、贵州雅园饮食集团、贵阳仟纳饮食文化有限公司·仟纳贵州宴（连锁）、贵州龙海洋皇宫餐饮有限公司·黔味源、贵州亮欢寨餐饮娱乐管理有限公司（连锁）、贵阳四合院饮食有限公司·家香（连锁）、贵州黔厨实业（集团）有限公司、贵州圭鑫酒店管理有限公司、绥阳县黔厨职业技术学校、兴义市追味餐饮服务有限公司、晴隆县郑开春餐饮服务有限责任公司、国家级秦立学技能大师工作室、贵州省吴茂钊技能大师工作室、省级·市级钱鹰名师工作室。

本文件主要起草人：吴茂钊、张智勇、古德明、黄永国、张乃恒、张建强、王利君、梁伟、孙武山、郭茂江、刘黔勋、杨波、洪钢、胡文柱、徐楠、杨丽彦、黄涛、杨学杰、吴文初、杨欢欢、肖喜生、王涛、任艳玲、李翌婼、夏雪、潘正芝、范佳雪、欧洁、高小书、郑开春、秦立学、钱鹰、龙凯江、娄孝东、潘绪学、陈克芬、何花、邓一、樊嘉、吴泽汶、俸千惠、胡林、王德璨、徐启运、樊筑川、雁飞、宋伟奇、吴笃琴、黎力、李兴文、罗洪士、杨娟、任玉霞。

引 言

0.1 菜点源流

以贵州特有的盗汗锅制作的经典传统黔菜，中国名菜、贵州十大经典名菜。蒸制时锅内不加水，而是在锅盖上方适当位置不断添加冷水，通过热胀冷缩的原理，让水蒸气在锅中蒸馏还原为液体，形成盗汗鸡汁。这种做法最大限度地保留了鸡肉的本味，使汤汁鲜美，清香扑鼻。

0.2 菜点典型形态示例

盗汗鸡 （张智勇/制作 潘绪学/摄影）

传统黔菜　盗汗鸡烹饪技术规范

1　范围

本文件规定了传统黔菜盗汗鸡烹饪技术规范的原料及要求、烹饪设备与工具、制作工艺、盛装、感官要求、最佳食用时间与温度。

本文件适用于传统黔菜盗汗鸡的加工烹制，烹饪教育与培训教材。

2　规范性引用文件

下列文件中的内容通过文中的规范性引用而构成本文件必不可少的条款。其中，注日期的引用文件，仅该日期对应的版本适用于本文件；不注日期的引用文件，其最新版本（包括所有的修改单）适用于本文件。

GB 2721《食品安全国家标准　食用盐》

GB 5749《生活饮用水卫生标准》

GB/T 18672《枸杞》

NY/T 455《胡椒》

GB/T 30383《生姜》

NY/T 744《绿色食品　葱蒜类蔬菜》

SB/T 10416《调味料酒》

T/QLY 002《黔菜术语与定义》

3 术语和定义

T/QLY 002界定的术语和定义适用于本文件。

4 原料及要求

4.1 主配料

4.1.1 土母鸡1只（1 750 g）。

4.1.2 干竹荪25 g。

4.1.3 红枣20 g。

4.1.4 枸杞15 g，应符合GB/T 18672的规定。

4.2 调味料

4.2.1 盐6 g，应符合GB 2721的规定。

4.2.2 胡椒粉3 g，应符合NY/T 455的规定。

4.2.3 料酒10 mL，应符合SB/T 10416的规定。

4.3 料头

4.3.1 姜片18 g，应符合GB/T 30383的规定。

4.3.2 香葱结24 g，应符合NY/T 744的规定。

4.4 加工用水

应符合GB 5749的规定。

5 烹饪设备与工具

5.1 设备

盗汗锅、蒸锅及配套设备。

5.2 工具

菜墩、刀具等。

6　制作工艺

6.1　初加工

6.1.1　选用放养6个月左右的土母鸡，宰杀治净，放入冷水锅中汆透，捞出漂净，控水。

6.1.2　干竹荪提前用清水浸泡涨发；红枣、枸杞分别洗净。

6.2　加工

鸡投入盗汗锅内，加姜片、香葱结、料酒；将盗汗锅放入烧沸水的宽水锅上，保持底锅沸水一直淹过盗汗锅底部；大盖盖上，加冰块或者冷水在大盖顶锅里且在蒸锅蒸制过程中保持天锅水（天锅中的水变热后，要及时换入冷水），蒸制4 h，再放入竹荪、红枣、枸杞蒸1 h；至盗汗锅内蒸馏水淹过鸡为佳，在汤里加盐、胡椒粉调味。

7　盛装

7.1　盛装器皿

陶瓷盗汗锅。

7.2　盛装方法

整码。

8　感官要求

8.1　色泽

汤色油黄，色彩悦目。

8.2　香味

鲜香浓郁，辅淡野香。

8.3　口味

咸鲜味美，肉质细嫩。

8.4 质感

营养滋补，老少皆宜。

9 最佳食用时间与温度

菜肴出锅后，食用时间以不超过20 min为宜，食用温度以47 ~ 57 ℃为宜。

ICS 67.020
CCS H 62

T/QLY

团　体　标　准

T/QLY 015—2021

传统黔菜
古镇状元蹄烹饪技术规范

Traditional Guizhou Cuisine: Standard for Cuisine Craftsmanship of Zhuangyuan Ti in Qingyan Ancient Town（Braised Pig Pettitoes for Champions in Ancient Imperial Examinations）

2021-09-28发布　　2021-10-01实施

贵州旅游协会　发布

目 次

前　言

本文件按照GB/T 1.1—2020《标准化工作导则　第1部分：标准化文件的结构和起草规则》的规定起草。

本文件由贵州省文化和旅游厅、贵州省商务厅提出。

本文件由贵州旅游协会归口。

本文件起草单位：贵州轻工职业技术学院、贵阳仟纳饮食文化有限公司·仟纳贵州宴（连锁）、贵州大学后勤管理处饮食服务中心、贵州鼎品智库餐饮管理有限公司、贵州雅园饮食集团、贵州龙海洋皇宫餐饮有限公司·黔味源、贵州亮欢寨餐饮娱乐管理有限公司、贵阳四合院饮食有限公司·家香（连锁）、绥阳县黔厨职业技术学校、贵州黔厨实业（集团）有限公司、贵州盗汗鸡餐饮策划管理有限公司、贵州圭鑫酒店管理有限公司、黔西南州饭店餐饮协会、遵义市红花岗区烹饪协会、兴义市追味餐饮服务有限公司、贵州省吴茂钊技能大师工作室、贵州省张智勇技能大师工作室、省级·市级钱鹰名师工作室。

本文件主要起草人：吴茂钊、吴泽汶、俸千惠、胡林、刘公瑾、洪钢、刘黔勋、杨波、胡文柱、徐楠、杨丽彦、黄涛、杨学杰、吴文初、杨欢欢、肖喜生、王涛、任艳玲、李翌婼、夏雪、潘正芝、范佳雪、欧洁、钱鹰、古德明、黄永国、张智勇、张乃恒、张建强、龙凯江、娄孝东、潘绪学、高小书、梁伟、孙武山、陈克芬、何花、邓一、樊嘉、王德璨、徐启运、吴笃琴、黎力、李兴文、罗洪士、樊筑川、雁飞、宋伟奇、杨娟、任玉霞。

引 言

0.1 菜点源流

古镇状元蹄，又名状元蹄。相传清朝时期，青岩举人赵以炯为上京赴考，常温习功课至深夜。一日，忽觉肚中饥饿，便信步走到北门街一夜市食摊，点上两盘卤猪脚作消夜，食后对其味赞不绝口。摊主上前道："贺喜少爷。"赵问："何来之喜？"摊主不失时机道："少爷，您吃了这猪脚，定能金榜题名，'蹄'与'题'同音，好兆头，好兆头啊。"赵听后大笑，不以为然。不日，上京赴考，果真金榜题名，高中状元。回家祭祖时，重礼相谢摊主。此后，卤猪脚便被誉名为"状元蹄"，成为赵府名食，后经历代家厨相传延至民间至今。

0.2 菜点典型形态示例

古镇状元蹄 （胡林/制作 潘绪学/摄影）

传统黔菜　古镇状元蹄烹饪技术规范

1　范围

本文件规定了传统黔菜古镇状元蹄烹饪技术规范的原料及要求、烹饪设备与工具、制作工艺、盛装、感官要求、最佳食用时间与温度。

本文件适用于传统黔菜古镇状元蹄的加工烹制，烹饪教育与培训教材。

2　规范性引用文件

下列文件中的内容通过文中的规范性引用而构成本文件必不可少的条款。其中，注日期的引用文件，仅该日期对应的版本适用于本文件；不注日期的引用文件，其最新版本（包括所有的修改单）适用于本文件。

GB 2721《食品安全国家标准　食用盐》

GB 5749《生活饮用水卫生标准》

GB/T 7652《八角》

GB/T 18186《酿造酱油》

GB/T 30381《桂皮》

GB/T 30383《生姜》

GB/T 30391《花椒》

GB/T 35883《冰糖》

NY/T 744《绿色食品　葱蒜类蔬菜》

SB/T 10416《调味料酒》

DB52/T 543《地理标志产品　连环砂仁》

DBS 52/ 011《食品安全地方标准　贵州辣椒面》

T/QLY 002《黔菜术语与定义》

3　术语和定义

T/QLY 002界定的术语和定义适用于本文件。

4　原料及要求

4.1　主配料

鲜猪蹄5只（3 000 g）。

4.2　调味料

4.2.1　煳辣椒50 g，应按照DBS 52/011的规定。

4.2.2　冰糖500 g，应按照GB/T 35883的规定。

4.2.3　八角8 g，应按照GB/T 7652的规定。

4.2.4　山柰12 g。

4.2.5　香叶10 g。

4.2.6　小茴香6 g。

4.2.7　草果22 g。

4.2.8　甘草15 g。

4.2.9　丁香8 g。

4.2.10　蔻仁20 g。

4.2.11　老姜15 g。

4.2.12　罗汉果30 g。

4.2.13　砂仁20 g，应符合DB52/T 543的规定。

4.2.14　花椒10 g，应符合GB/T 30391的规定。

4.2.15　桂皮6 g，应符合GB/T 30381的规定。

4.2.16　白芷15 g。

4.2.17　盐30 g，应符合GB 2721的规定。

4.2.18　酱油10 mL，应符合GB/T 18186的规定。

4.2.19　双花醋45 mL。

4.2.20　料酒250 mL，应符合SB/T 10416的规定。

4.2.21　鲜汤10 L。

4.3　料头

4.3.1　姜米5 g，应符合GB/T 30383的规定。

4.3.2　姜块300 g，应符合GB/T 30383的规定。

4.3.3　葱花8 g，应符合NY/T 744的规定。

4.4　加工用水

应符合GB 5749的规定。

5　烹饪设备与工具

5.1　设备

炒锅、汤锅及配套设备。

5.2　工具

菜墩、刀具等。

6　制作工艺

6.1　初加工

6.1.1　猪蹄用燎火烧焦茸毛，浸泡洗净，一剖为二，入沸水锅中焯透，捞出冲净，控水。

6.1.2　草果去籽，同八角、山柰、香叶、小茴香、甘草、丁香、蔻仁、老姜、罗汉果、砂仁、花椒、桂皮、白芷用温油浸泡15 min，用纱布包扎制成香料包。

6.2　卤制

6.2.1　炒锅置中火上，放入油250 mL，下入冰糖炒制糖色；掺入鲜汤，烧沸后倒入汤锅内，加料酒、姜块、香料包，调盐，煮至卤香气味。

6.2.2 把猪蹄下入卤水锅中，用小火慢卤2 h左右，离火浸泡至30 min，捞出装入盘内。

6.2.3 取小碗加入煳辣椒、酱油、双花醋、姜米、葱花制成蘸汁，随卤好的猪脚一起上桌，蘸食。

7 盛装

7.1 盛装器皿

圆盘、条盘。

7.2 盛装方法

整码。

8 感官要求

8.1 色泽

色泽红润，亮油悦目。

8.2 香味

五香醇厚，酸鲜辣爽。

8.3 口味

卤香味浓，食肉啃骨。

8.4 质感

质地酥软，回味无穷。

9 最佳食用时间与温度

菜肴出锅后，食用时间以不超过30 min为宜，食用温度以常温或47 ~ 57 ℃为宜。

ICS 67.020
CCS H 62

T/QLY

团　体　标　准

T/QLY 016—2021

传统黔菜
糟辣鱼烹饪技术规范

Traditional Guizhou Cuisine: Standard for Cuisine Craftsmanship of Fish with Salt-pickled Fresh Chillies

2021-09-28发布　　2021-10-01实施

贵州旅游协会　发布

引 言

0.1 菜点源流

贵州典型传统名菜，贵州糟辣风味的代表菜，流行全省，无论宴会、零餐，还是居家和宴请，均作为款待客人的佳肴。外脆肉细，色红油亮，鲜香可口，味略酸、甜、咸而微辣，是佐酒下饭之佳肴，食之使人余味无穷，增进食欲。

0.2 菜点典型形态示例

糟辣鱼 （陈江、古德明/制作 潘绪学/摄影）

传统黔菜　糟辣鱼烹饪技术规范

1　范围

本文件规定了传统黔菜糟辣鱼烹饪技术规范的原料及要求、烹饪设备与工具、制作工艺、盛装、感官要求、最佳食用时间与温度。

本文件适用于传统黔菜糟辣鱼的加工烹制，烹饪教育与培训教材。

2　规范性引用文件

下列文件中的内容通过文中的规范性引用而构成本文件必不可少的条款。其中，注日期的引用文件，仅该日期对应的版本适用于本文件；不注日期的引用文件，其最新版本（包括所有的修改单）适用于本文件。

GB/T 1445《绵白糖》

GB 2721《食品安全国家标准　食用盐》

GB 5749《生活饮用水卫生标准》

SB/T 10303《老陈醋质量标准》

SB/T 10416《调味料酒》

GB/T 18186《酿造酱油》

GB/T 30383《生姜》

NY/T 744《绿色食品　葱蒜类蔬菜》

T/QLY 002《黔菜术语与定义》

3　术语和定义

T/QLY 002界定的术语和定义适用于本文件。

4　原料及要求

4.1　主配料

鲤鱼1条（800 ~ 1 000 g）。

4.2　调味料

4.2.1　糟辣椒200 g。

4.2.2　盐1 g，应符合GB 2721的规定。

4.2.3　白糖3 g，应符合GB/T 1445的规定。

4.2.4　酱油2 mL，且符合GB/T 18186的要求。

4.2.5　陈醋2 mL，且符合SB/T 10303的要求。

4.2.6　料酒6 mL，且符合SB/T 10416的要求。

4.2.7　水芡粉10 g。

4.2.8　鲜汤300 mL。

4.3　料头

4.3.1　姜米5 g，应符合GB/T 30383的规定。

4.3.2　姜片10 g，应符合GB/T 30383的规定。

4.3.3　蒜米8 g，应符合NY/T 744的规定。

4.3.4　葱段15 g，应符合NY/T 744的规定。

4.3.5　葱花15 g，应符合NY/T 744的规定。

4.4　加工用水

应符合GB 5749的规定。

5　烹饪设备与工具

5.1　设备

炒锅及配套设备。

5.2　工具

菜墩、刀具等。

6　制作工艺

6.1　初加工

6.1.1　鲤鱼宰杀治净，用斜刀法在鱼身两面背部剞上一字花刀。

6.1.2　整条鱼用盐、料酒、姜片、葱段抹匀腌制10 min。

6.2　加工

6.2.1　炒锅置旺火上，放入油900 mL（实耗50 mL），烧至七成热，下入鱼炸至定型，呈金黄色，捞出沥油。

6.2.2　锅内放入油30 mL烧热，下入姜米、蒜米、糟辣椒炒出香味，掺入鲜汤，投入炸制好的鱼，依次调入盐、酱油、白糖、陈醋，用微火焖烧10 min至入味。

6.2.3　用筷子夹住鱼头，将鱼拖入盘内盛装。锅内的汤汁撒入葱花，勾水芡粉，包汁亮油，起锅淋在鱼上。

7　盛装

7.1　盛装器皿

条形浅窝盘。

7.2　盛装方法

装入盘内，淋入调制好的味汁。

8　感官要求

8.1　色泽

色泽棕红，艳丽诱人。

8.2　香味

糟辣浓郁，鱼香扑鼻。

8.3 口味

咸鲜微辣，微酸微甜。

8.4 质感

质地细嫩，汤汁亮油。

9 最佳食用时间与温度

菜肴出锅装盘后，食用时间以不超过15 min为宜，食用温度以47～57 ℃为宜。

ICS 67.020
CCS H 62

T/QLY

团 体 标 准

T/QLY 017—2021

传统黔菜
糟辣脆皮鱼烹饪技术规范

Traditional Guizhou Cuisine: Standard for Cuisine Craftsmanship of Crispy Fish with Salt-pickled Fresh Chillies

2021-11-19发布 2021-11-22实施

贵州旅游协会 发布

目 次

前　言

本文件按照GB/T 1.1—2020《标准化工作导则　第1部分：标准化文件的结构和起草规则》的规定起草。

本文件由贵州省文化和旅游厅、贵州省商务厅提出。

本文件由贵州旅游协会归口。

本文件起草单位：贵州轻工职业技术学院、贵州酒店集团有限公司·贵州饭店有限公司、国家级秦立学技能大师工作室、省级孙俊革劳模工作室、贵州大学后勤管理处饮食服务中心、贵州鼎品智库餐饮管理有限公司、贵州雅园饮食集团、贵阳仟纳饮食文化有限公司·仟纳贵州宴（连锁）、贵州龙海洋皇宫餐饮有限公司·黔味源、贵州亮欢寨餐饮娱乐管理有限公司、贵阳四合院饮食有限公司·家香（连锁）、绥阳县黔厨职业技术学校、贵州黔厨实业（集团）有限公司、贵州圭鑫酒店管理有限公司、黔西南州饭店餐饮协会、贵州盗汗鸡餐饮策划管理有限公司、兴义市追味餐饮服务有限公司、贵州省吴茂钊技能大师工作室、贵州省张智勇技能大师工作室、省级·市级钱鹰名师工作室。

本文件主要起草人：吴茂钊、刘黔勋、杨波、秦立学、孙俊革、付立刚、李永峰、梁建勇、丁振、洪钢、胡文柱、徐楠、杨丽彦、黄涛、肖喜生、王涛、任艳玲、李翌婼、夏雪、潘正芝、欧洁、钱鹰、陈江、古德明、张智勇、张乃恒、张建强、黄永国、黄进松、林茂永、刘畑吕、马明康、万青松、龙凯江、娄孝东、潘绪学、高小书、王利君、梁伟、孙武山、陈克芬、何花、邓一、樊嘉、王德璨、徐启运、吴泽汶、俸千惠、胡林、樊筑川、雁飞、宋伟奇、吴笃琴、黎力、李兴文、罗洪士、蔡林玻、杨娟、李支群、任玉霞。

引 言

0.1 菜点源流

糟辣鱼改型版、升级版。糟辣脆皮鱼造型美观，壳酥脆肉细嫩，色艳红亮；酸鲜略辣，能增进食欲；为宴席鱼菜。

0.2 菜点典型形态示例

糟辣脆皮鱼 （秦立学/制作 潘绪学/摄影）

传统黔菜　糟辣脆皮鱼烹饪技术规范

1　范围

本文件规定了传统黔菜糟辣脆皮鱼烹饪技术规范的原料及要求、烹饪设备与工具、制作工艺、盛装、感官要求、最佳食用时间与温度。

本文件适用于传统黔菜糟辣脆皮鱼的加工烹制，烹饪教育与培训教材。

2　规范性引用文件

下列文件中的内容通过文中的规范性引用而构成本文件必不可少的条款。其中，注日期的引用文件，仅该日期对应的版本适用于本文件；不注日期的引用文件，其最新版本（包括所有的修改单）适用于本文件。

GB/T 317《白砂糖》

GB 2721《食品安全国家标准　食用盐》

GB/T 8967《谷氨酸钠（味精）》

GB 5749《生活饮用水卫生标准》

GB/T 18186《酿造酱油》

SB/T 10303《老陈醋质量标准》

NY/T 1193《姜》

NY/T 744《绿色食品　葱蒜类蔬菜》

SB/T 10416《调味料酒》

T/QLY 002《黔菜术语与定义》

3 术语和定义

T/QLY 002界定的术语和定义适用于本文件。

4 原料及要求

4.1 主配料

4.1.1 草鱼1条（800～1 000 g）。

4.1.2 鸡蛋2枚。

4.1.3 面粉30 g。

4.1.4 干芡粉125 g。

4.2 调味料

4.2.1 糟辣椒100 g，应符合DB52/T 982—2015，T/GZSX 051—2019的规定。

4.2.2 盐2 g，应符合GB 2721的规定。

4.2.3 白糖11 g，应符合GB/T 317的规定。

4.2.4 味精1 g，应符合GB/T 8967的规定。

4.2.5 酱油15 mL，应符合GB/T 18186的规定

4.2.6 陈醋9 mL，应符合SB/T 10303的规定。

4.2.7 料酒10 mL，应符合SB/T 10416的规定。

4.2.8 水芡粉10 g。

4.2.9 姜葱汁50 g。

4.2.10 鲜汤150 mL。

4.3 料头

4.3.1 姜米8 g，应符合NY/T 1193的规定。

4.3.2 蒜米10 g，应符合NY/T 744的规定。

4.3.3 葱花10 g，应符合NY/T 744的规定。

4.4 加工用水

应符合GB 5749的规定。

5　烹饪设备与工具

5.1　设备

炒锅及配套设备。

5.2　工具

菜墩、刀具等。

6　制作工艺

6.1　初加工

6.1.1　草鱼宰杀治净，用斜刀法在鱼身的背上两面深至鱼刺的程度，再用平刀法顺鱼刺纹路剞连片，各片剞6～7刀的牡丹片状。

6.1.2　整鱼用盐、料酒、姜葱汁抹匀腌制鱼8 min，使其入味。

6.1.3　鸡蛋、面粉、干芡粉、盐调成全蛋糊。

6.2　加工

6.2.1　炒锅置旺火上，放入油1 500 mL（实耗80 mL），烧至六成热；提起鱼的尾部挂入全蛋糊，头部先下入油锅中，一边提一边油淋连片，放入炸至定型，捞出控油。锅内的油继续升温至八成热，将定型的鱼下入油锅中复炸至金黄色并酥脆，捞出控油，装入盘内。

6.2.2　锅内放入油50 mL烧热，下入姜米、蒜米、糟辣椒炒出香味，掺入鲜汤，加盐、味精、白糖、陈醋、酱油，调好味后，勾入二流芡，包汁亮油，起锅浇淋盘内的鱼上，撒上葱花。

7　盛装

7.1　盛装器皿

条形浅窝盘。

7.2　盛装方法

将鱼装入盘内压成坐立状，淋入勾芡汤汁，亮汁亮油。

8 感官要求

8.1 色泽

色泽红艳，汤浓油亮。

8.2 香味

糟辣浓郁，鱼香扑鼻。

8.3 口味

咸鲜微辣，酸甜适口。

8.4 质感

质地细腻，外脆内嫩。

9 最佳食用时间与温度

菜肴出锅装盘后，食用时间以不超过10 min为宜，食用温度以47 ~ 57 ℃为宜。

ICS 67.020
CCS H 62

T/QLY

团　　体　　标　　准

T/QLY 018—2021

传统黔菜
盐酸干烧鱼烹饪技术规范

Traditional Guizhou Cuisine: Standard for Cuisine Craftsmanship of Fried Fish with Hydrochloric Acid

2021-09-28发布　　2021-10-01实施

贵州旅游协会　发布

目 次

前　言

本文件按照GB/T 1.1—2020《标准化工作导则　第1部分：标准化文件的结构和起草规则》的规定起草。

本文件由贵州省文化和旅游厅、贵州省商务厅提出。

本文件由贵州旅游协会归口。

本文件起草单位：贵州轻工职业技术学院、贵阳仟纳饮食文化有限公司·仟纳贵州宴（连锁）、贵州大学后勤管理处饮食服务中心、贵州鼎品智库餐饮管理有限公司、贵州雅园饮食集团、贵州龙海洋皇宫餐饮有限公司·黔味源、贵州亮欢寨餐饮娱乐管理有限公司（连锁）、贵阳四合院饮食有限公司·家香（连锁）、绥阳县黔厨职业技术学校、贵州黔厨实业（集团）有限公司、贵州圭鑫酒店管理有限公司、黔西南州饭店餐饮协会、贵州盗汗鸡餐饮策划管理有限公司、兴义市追味餐饮服务有限公司、国家级秦立学技能大师工作室、贵州省吴茂钊技能大师工作室、贵州省张智勇技能大师工作室、省级·市级钱鹰名师工作室。

本文件主要起草人：吴茂钊、吴泽汶、俸千惠、胡林、刘公瑾、洪钢、刘黔勋、杨波、胡文柱、徐楠、杨丽彦、黄涛、杨学杰、吴文初、杨欢欢、肖喜生、王涛、任艳玲、李翌婼、夏雪、潘正芝、范佳雪、钱鹰、张智勇、张乃恒、张建强、龙凯江、娄孝东、潘绪学、高小书、王利君、梁伟、孙武山、杨绍宇、欧洁、陈克芬、何花、邓一、樊嘉、王德璨、徐启运、雁飞、宋伟奇、吴笃琴、黎力、李兴文、罗洪士、杨娟、任玉霞。

引 言

0.1 菜点源流

盐酸，即盐酸菜，以黔南布依族苗族自治州独山县的腌酱菜最具特色。融酸甜辣咸一体，蒜香浓郁；可做小菜，同时可作为调料。典型菜品有盐酸扣肉、盐酸干烧鱼。经烹调，盐酸菜渗透入食材，形成酱香浓郁，酸甜香辣；口感醇厚、独特的地方民族风味。

0.2 菜点典型形态示例

盐酸干烧鱼 （胡林/制作 潘绪学/摄影）

传统黔菜　盐酸干烧鱼烹饪技术规范

1　范围

本文件规定了传统黔菜盐酸干烧鱼烹饪技术规范的原料及要求、烹饪设备与工具、制作工艺、盛装、感官要求、最佳食用时间与温度。

本文件适用于传统黔菜盐酸干烧鱼的加工烹制，烹饪教育与培训教材。

2　规范性引用文件

下列文件中的内容通过文中的规范性引用而构成本文件必不可少的条款。其中，注日期的引用文件，仅该日期对应的版本适用于本文件；不注日期的引用文件，其最新版本（包括所有的修改单）适用于本文件。

GB/T 1445《绵白糖》

GB 2721《食品安全国家标准　食用盐》

GB 5749《生活饮用水卫生标准》

GB 17715《草鱼》

GB/T 18186《酿造酱油》

GB/T 30383《生姜》

NY/T 744《绿色食品　葱蒜类蔬菜》

SB/T 10303《老陈醋质量标准》

SB/T 10416《调味料酒》

T/QLY 002《黔菜术语与定义》

3　术语和定义

T/QLY 002界定的术语和定义适用于本文件。

4　原料及要求

4.1　主配料

4.1.1　草鱼1条（800 ~ 1 000 g），应符合GB 17715的规定。

4.1.2　盐酸菜155 g。

4.1.3　肥瘦火腿35 g。

4.2　调味料

4.2.1　盐3 g，应符合GB 2721的规定。

4.2.2　白糖10 g，应符合GB/T 1445的规定。

4.2.3　酱油8 mL，应符合GB/T 18186的要求。

4.2.4　陈醋9 mL，应符合SB/T 10303的要求。

4.2.5　料酒6 mL，且符合SB/T 10416的要求。

4.2.6　红油15 mL。

4.2.7　高汤250 mL。

4.3　料头

4.3.1　姜10 g，应符合GB/T 30383的规定。

4.3.2　大蒜12 g，应符合NY/T 744的规定。

4.3.3　香葱10 g，应符合NY/T 744的规定。

4.4　加工用水

应符合GB 5749的规定。

5　烹饪设备与工具

5.1　炊具

炒锅及配套设备。

5.2　器具

菜墩、刀具等。

6　制作工艺

6.1　初加工

6.1.1　草鱼宰杀治净，保持鱼身完整。

6.1.2　姜、大蒜、香葱分别加工成姜片、姜米、蒜米、葱绿段、葱白花。

6.1.3　在鱼身的两侧用直刀剞上白果形，加盐、料酒、姜片、葱段码味10 min。

6.1.4　肥瘦火腿、盐酸菜分别切成细粒状。

6.2　加工

6.2.1　炒锅置旺火上，放入油900 mL（实耗50 mL），烧至六成热，下入鱼炸至定型，当鱼表面皱皮、色黄时，捞出，控油。

6.2.2　锅内放入油40 mL烧热，爆香姜米、蒜米、下入肥瘦火腿粒、盐酸菜粒煸香；烹入料酒，掺入高汤，烧沸，加盐、白糖、酱油、陈醋调味，投入炸好的鱼同烧；旺火烧2 min后转中火烧20 min，至汤汁快收干时，淋入红油，起锅装入盘内，撒入葱白花。

7　盛装

7.1　盛装器皿

条形浅窝盘。

7.2　盛装方法

收干亮油，起锅，装入条形浅窝盘内。

8 感官要求

8.1 色泽

酱红油亮，色彩丰富。

8.2 香味

盐酸飘香，增加食欲。

8.3 口味

咸中带甜，微辣微酸。

8.4 质感

鱼酥入味，开胃消食。

9 最佳食用时间与温度

菜肴出锅装盘后，食用时间以不超过15 min为宜，食用温度以47 ~ 57 ℃为宜。

ICS 67.020
CCS H 62

T/QLY

团 体 标 准

T/QLY 019—2021

传统黔菜
八宝甲鱼烹饪技术规范

Traditional Guizhou Cuisine: Standard for Cuisine Craftsmanship of Soft-shelled Turtle Simmered with Eight Spices

2021-09-28发布 2021-10-01实施

贵州旅游协会 发布

目 次

前　言

本文件按照GB/T 1.1—2020《标准化工作导则　第1部分：标准化文件的结构和起草规则》的规定起草。

本文件由贵州省文化和旅游厅、贵州省商务厅提出。

本文件由贵州旅游协会归口。

本文件起草单位：贵州轻工职业技术学院、贵州酒店集团有限公司·贵州饭店、国家级·省级秦立学技能大师工作室、省级孙俊革劳模工作室、贵州大学后勤管理处饮食服务中心、贵州鼎品智库餐饮管理有限公司、贵州雅园饮食集团、贵阳仟纳饮食文化有限公司·仟纳贵州宴（连锁）、贵州龙海洋皇宫餐饮有限公司·黔味源、贵州亮欢寨餐饮娱乐管理有限公司（连锁）、贵阳四合院饮食有限公司·家香（连锁）、绥阳县黔厨职业技术学校、贵州黔厨实业（集团）有限公司、贵州圭鑫酒店管理有限公司、黔西南州饭店餐饮协会、贵州盗汗鸡餐饮策划管理有限公司、兴义市追味餐饮服务有限公司、贵州省吴茂钊技能大师工作室、贵州省张智勇技能大师工作室、省级·市级钱鹰名师工作室。

本文件主要起草人：吴茂钊、秦立学、孙俊革、付立刚、李永峰、梁建勇、丁振、刘黔勋、杨波、洪钢、胡文柱、徐楠、杨丽彦、黄涛、杨学杰、吴文初、杨欢欢、肖喜生、王涛、任艳玲、李翌婼、夏雪、潘正芝、范佳雪、钱鹰、张智勇、张乃恒、张建强、龙凯江、娄孝东、潘绪学、高小书、王利君、梁伟、孙武山、郭茂江、欧洁、陈克芬、何花、邓一、樊嘉、吴泽汶、俸千惠、胡林、王德璨、徐启运、樊筑川、雁飞、宋伟奇、吴笃琴、黎力、李兴文、罗洪士、杨娟、任玉霞。

引　言

0.1　菜点源流

著名贵州传统名菜，历来是宴会和重要接待的特色肴馔之一。其造型美观；食材多样，风格凸显；融合贵州山珍、河鲜与外来海味之精髓；营养丰富，鲜香可口；清鲜淡雅，香浓味厚，回味无穷。

0.2　菜点典型形态示例

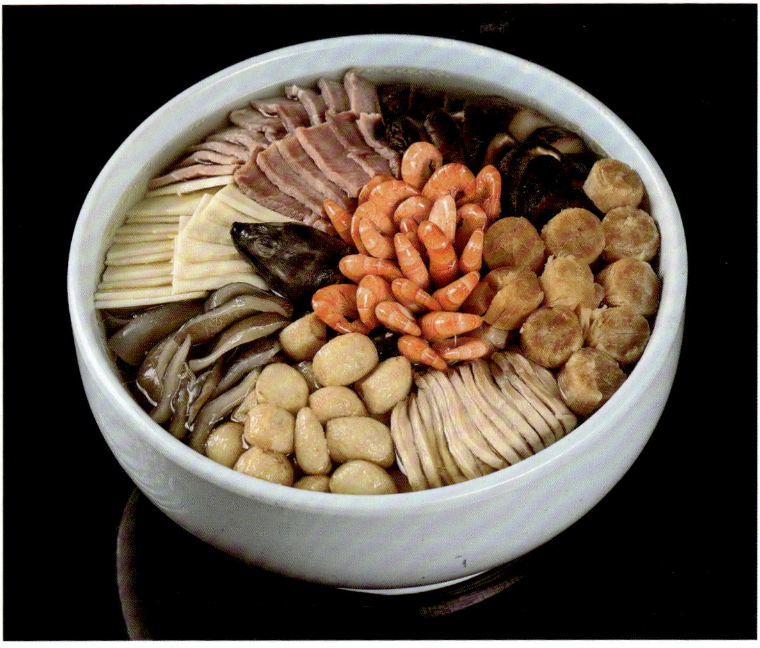

八宝甲鱼　　（梁建勇/制作　潘绪学/摄影）

传统黔菜　八宝甲鱼烹饪技术规范

1　范围

本文件规定了传统黔菜八宝甲鱼烹饪技术规范的原料及要求、烹饪设备与工具、制作工艺、盛装、感官要求、最佳食用时间与温度。

本文件适用于传统黔菜八宝甲鱼的加工烹制，烹饪教育与培训教材。

2　规范性引用文件

下列文件中的内容通过文中的规范性引用而构成本文件必不可少的条款。其中，注日期的引用文件，仅该日期对应的版本适用于本文件；不注日期的引用文件，其最新版本（包括所有的修改单）适用于本文件。

GB 2707《食品安全国家标准　鲜（冻）畜、禽产品》

GB 2721《食品安全国家标准　食用盐》

GB 5749《生活饮用水卫生标准》

GB/T 30383《生姜》

NY/T 455《胡椒》

NY/T 744《绿色食品　葱蒜类蔬菜》

QB/T 2745《烹饪黄酒》

SC/T 3207《干贝》

T/QLY 002《黔菜术语与定义》

3 术语和定义

T/QLY 002界定的术语和定义适用于本文件。

4 原料及要求

4.1 主配料

4.1.1 甲鱼1只（900 ~ 1 000 g）。

4.1.2 土鸡半只（1 000 ~ 1 250 g），应符合GB 2707的规定。

4.1.3 熟火腿100 g。

4.1.4 水发干香菇25 g。

4.1.5 金钩30 g。

4.1.6 干贝120 g，应符合SC/T 3207的规定。

4.1.7 冬笋125 g。

4.1.8 蒜瓣50 g，应符合NY/T 744的规定。

4.2 调味料

4.2.1 盐4 g，应符合GB 2721的规定。

4.2.2 胡椒粉2 g，应符合NY/T 455的规定。

4.2.3 黄酒50 mL，且符合QB/T 2745的要求。

4.2.4 高汤600 mL。

4.3 料头

4.3.1 姜片6 g，应符合GB/T 30383的规定。

4.3.2 葱结8 g，应符合NY/T 744的规定。

4.4 加工用水

应符合GB 5749的规定。

5 烹饪设备与工具

5.1 设备

炒锅、蒸锅及配套设备。

5.2　工具

菜墩、刀具等。

6　制作工艺

6.1　初加工

6.1.1　甲鱼宰杀放血后放入沸水锅中汆水，捞出除去粗皮；从裙边底部划开取出内脏，清洗，取出裙边另用，余下骨肉砍成3 cm方块，放入沸水锅中加黄酒汆水，捞出冲净，控水。

6.1.2　土鸡肉取出鸡脯肉另用，余下骨肉砍成3 cm方块，放入沸水锅中加黄酒汆水，捞出冲净，控水。鸡脯肉放入冷水锅中加姜片、葱结煮至断生，捞出冷却。

6.1.3　干贝、金钩掺入清水上笼蒸熟涨发。将熟鸡脯肉与熟火腿、冬笋，分别切成长5 cm、宽3 cm的长方片；水发干香菇切成斜刀片状。

6.1.4　蒜瓣去衣，洗净，控水，放入油锅中炸至虎皮金黄色，控油。

6.2　加工

6.2.1　将鸡块放入汤钵中，加入高汤，蒸熟，取出分离，原汤待用。

6.2.2　在鸡块上平铺甲鱼块，再依次整齐拼摆铺上甲鱼裙边、冬笋片、熟火腿片、香菇片、干贝、金钩、熟鸡脯片、炸蒜瓣。

6.2.3　将原汤调入淡盐味，慢慢灌入拼装好的汤钵中，上笼蒸至100 min熟透，保持原形不烂，取出调入胡椒粉即可。

7　盛装

7.1　盛装器皿

汤钵。

7.2 盛装方法

保持加工时堆码形状，垫底盘与汤钵一起上桌。

8 感官要求

8.1 色泽

色彩艳丽，金黄诱人。

8.2 香味

八宝浓郁，香味扑鼻。

8.3 口味

咸鲜香浓，细腻鲜嫩。

8.4 质感

肉质细腻，汤汁醇厚。

9 最佳食用时间与温度

菜肴出锅装盘后，食用时间以不超过20 min为宜，食用温度以47 ~ 57 ℃为宜。

ICS 67.020
CCS H 62

T/QLY

团　　体　　标　　准

T/QLY 021—2021

传统黔菜
贵州辣子鸡（阳朗风味）
烹饪技术规范

Traditional Guizhou Cuisine:
Guizhou Chicken with Chillies, Yanglang Style

2021-11-19发布　　2021-11-22实施

贵州旅游协会　发布

目　次

传统黔菜　贵州辣子鸡（阳朗风味）烹饪技术规范

前　言

本文件按照GB/T 1.1—2020《标准化工作导则　第1部分：标准化文件的结构和起草规则》的规定起草。

本文件由贵州省文化和旅游厅、贵州省商务厅提出。

本文件由贵州旅游协会归口。

本文件起草单位：贵州轻工职业技术学院、息烽县叶老大阳朗辣子鸡有限公司、息烽县阳朗辣子鸡同业公会、贵州大学后勤管理处饮食服务中心、贵州鼎品智库餐饮管理有限公司、贵州雅园饮食集团、贵阳仟纳饮食文化有限公司·仟纳贵州宴（连锁）、贵州龙海洋皇宫餐饮有限公司·黔味源、贵州亮欢寨餐饮娱乐管理有限公司（连锁）、贵阳四合院饮食有限公司·家香（连锁）、贵州黔厨实业（集团）有限公司、贵州圭鑫酒店管理有限公司、绥阳县黔厨职业技术学校、黔西南州饭店餐饮协会、贵州盗汗鸡餐饮策划管理有限公司、兴义市追味餐饮服务有限公司、晴隆县郑开春餐饮服务有限责任公司、国家级秦立学技能大师工作室、贵州省吴茂钊技能大师工作室、贵州省张智勇技能大师工作室、省级·市级钱鹰名师工作室。

本文件主要起草人：吴茂钊、叶刚、刘黔勋、杨波、洪钢、胡文柱、徐楠、杨丽彦、黄涛、肖喜生、王涛、任艳玲、李翌婼、夏雪、潘正芝、欧洁、古德明、黄永国、张乃恒、张建强、张智勇、秦立学、钱鹰、龙凯江、娄孝东、潘绪学、高小书、王利君、梁伟、孙武山、郑生刚、陈克芬、何花、邓一、樊嘉、王德璨、徐启运、吴泽汶、俸千惠、胡林、樊筑川、雁飞、宋伟奇、吴笃琴、黎力、李兴文、罗洪士、郑开春、黄进松、林茂永、刘畑吕、马明康、罗福宇、杨帆、杨娟、李支群、任玉霞。

引　言

0.1　菜点源流

改革开放后，川黔通道210国道息烽集中营段餐厅为过往车辆提供本地特色菜辣子鸡，一举成名，因地处阳朗坝，得名阳朗鸡。成就黄南武、叶老大两大辣子鸡品牌餐饮食品企业，息烽县工商联推动产业化发展，为当地600余家辣子鸡餐饮成立息烽县阳朗鸡同业公会，为贵州辣子鸡品牌和产业助力。

0.2　菜点典型形态示例

叶老大贵州辣子鸡（阳朗风味）　　（叶刚/制作　潘绪学/摄影）

传统黔菜　贵州辣子鸡（阳朗风味）烹饪技术规范

1　范围

本文件规定了传统黔菜贵州辣子鸡（阳朗风味）烹饪技术规范的原料及要求、烹饪设备与工具、制作工艺、盛装、感官要求、最佳食用时间与温度。

本文件适用于传统黔菜贵州辣子鸡（阳朗风味）的加工烹制，烹饪教育与培训教材。

2　规范性引用文件

下列文件中的内容通过文中的规范性引用而构成本文件必不可少的条款。其中，注日期的引用文件，仅该日期对应的版本适用于本文件；不注日期的引用文件，其最新版本（包括所有的修改单）适用于本文件。

GB/T 317《白砂糖》

GB 2721《食品安全国家标准　食用盐》

GB 5749《生活饮用水卫生标准》

GB/T 30383《生姜》

SB/T 10416《调味料酒》

T/QLY 002《黔菜术语与定义》

3 术语和定义

T/QLY 002界定的术语和定义适用于本文件。

4 原料及要求

4.1 主配料

净土公鸡1只（3 000 g）。

4.2 调味料

4.2.1 自舂糍粑辣椒500 g。

4.2.2 红油豆瓣酱80 g。

4.2.3 金钩豆瓣酱20 g。

4.2.4 大红袍花椒10 g。

4.2.5 盐6 g，应符合GB 2721的规定。

4.2.6 味精2 g。

4.2.7 鸡精3 g。

4.2.8 胡椒粉5 g。

4.2.9 白糖4 g，应符合GB/T 317的规定。

4.2.10 甜酒酿50 mL。

4.2.11 料酒30 mL，应符合SB/T 10416的规定。

4.2.12 水芡粉30 g。

4.2.13 熟菜油750 mL。

4.2.14 熟猪油50 mL。

4.3 料头

4.3.1 姜块50 g，应符合GB/T 30383的规定。

4.3.2 红皮独大蒜200 g。

4.3.3 香葱结25 g。

4.4 加工用水

应符合GB 5749的规定。

5　烹饪设备与工具

5.1　设备

炒锅、高压锅及配套设备。

5.2　工具

菜墩、刀具等。

6　制作工艺

6.1　初加工

6.1.1　姜洗净，拍破；独蒜去衣，洗净待用。

6.1.2　选用10个月放养土公鸡宰杀治净，改刀成块，放入盛器内加盐、鸡精、味精、白糖、胡椒粉、料酒、香葱结、生姜块、水芡粉拌匀腌渍15 min。

6.2　加工

6.2.1　炒锅置旺火上，放入熟菜油烧至八成热，爆香花椒，投入腌渍好的鸡块炒至水分收干，倒入高压锅内，盖上盖，置火上压冒气，转小火计时7 min，端离火口用清水冲凉。

6.2.2　炒锅继续放入熟菜油烧热，下入花椒、独蒜、糍粑辣椒，用小火炒至呈蟹黄色，下入郫县红油豆瓣酱炒熟后，再下入金钩豆瓣酱炒匀并味，投入压熟的鸡块，烹入甜酒酿，加熟猪油、胡椒粉炒至收干水分。

7　盛装

7.1　盛装器皿

圆形浅窝盘或平盘。

7.2　盛装方法

炒至汤汁收干，起锅装入盘内。

8 感官要求

8.1 色泽

色泽棕红，油红亮丽。

8.2 香味

辣香适中，回味悠长。

8.3 口味

肉质软糯，辣而不猛。

8.4 质感

风味独特，传统佳肴。

9 最佳食用时间与温度

菜肴出锅装盘后，食用时间以不超过30 min为宜，食用温度以47 ~ 75 ℃为宜。

ICS 67.020
CCS H 62

T/QLY

团　体　标　准

T/QLY 022—2021

传统黔菜
贵州辣子鸡（贵阳风味）
烹饪技术规范

Traditional Guizhou Cuisine:
Guizhou Chicken with Chillies, Guiyang Style

2021-11-19发布　　2021-11-22实施

贵州旅游协会　发布

目　次

前　言

本文件按照GB/T 1.1—2020《标准化工作导则　第1部分：标准化文件的结构和起草规则》的规定起草。

本文件由贵州省文化和旅游厅、贵州省商务厅提出。

本文件由贵州旅游协会归口。

本文件起草单位：贵州轻工职业技术学院、贵阳大掌柜辣子鸡黔味坊餐饮（连锁）、贵阳大掌柜牛肉粉（连锁）、贵州大学后勤管理处饮食服务中心、贵州鼎品智库餐饮管理有限公司、贵州雅园饮食集团、贵阳仟纳饮食文化有限公司·仟纳贵州宴（连锁）、贵州龙海洋皇宫餐饮有限公司·黔味源、贵州亮欢寨餐饮娱乐管理有限公司（连锁）、贵阳四合院饮食有限公司·家香（连锁）、贵州黔厨实业（集团）有限公司、贵州圭鑫酒店管理有限公司、绥阳县黔厨职业技术学校、黔西南州饭店餐饮协会、贵州盗汗鸡餐饮策划管理有限公司、兴义市追味餐饮服务有限公司、晴隆县郑开春餐饮服务有限责任公司、息烽县叶老大阳朗辣子鸡有限公司、国家级秦立学技能大师工作室、贵州省吴茂钊技能大师工作室、贵州省张智勇技能大师工作室、省级·市级钱鹰名师工作室。

本文件主要起草人：吴茂钊、黄长青、陈英、叶春江、刘黔勋、杨波、洪钢、胡文柱、徐楠、杨丽彦、黄涛、肖喜生、王涛、任艳玲、李翌婼、夏雪、潘正芝、欧洁、古德明、黄永国、张乃恒、张建强、张智勇、秦立学、钱鹰、龙凯江、娄孝东、潘绪学、高小书、王利君、梁伟、孙武山、郑生刚、陈克芬、何花、邓一、樊嘉、王德璨、徐启运、吴泽汶、倖千惠、胡林、樊筑川、雁飞、宋伟奇、吴笃琴、黎力、李兴文、罗洪士、郑开春、叶刚、黄进松、林茂永、刘畑吕、马明康、罗福宇、杨帆、杨娟、李支群、任玉霞。

引 言

0.1 菜点源流

贵阳风味辣子鸡是贵阳人喜爱的传统名菜之一。多以菜品形式上桌，以糍粑辣椒炒制而成，经过长期发展，酒楼制作辣子鸡以单只鸡为主；一改家庭中加水慢焖制作，先用高压锅直接压制爆炒过的生鸡，再炒辣椒并下入鸡肉，混合炒制到油亮入味，整个过程不加一滴水，又称无水辣子鸡，品种极多。

0.2 菜点典型形态示例

贵州辣子鸡（贵阳风味） （叶春江/制作 潘绪学/摄影）

传统黔菜　贵州辣子鸡（贵阳风味）烹饪技术规范

1　范围

本文件规定了传统黔菜贵州辣子鸡（贵阳风味）烹饪技术规范的原料及要求、烹饪设备与工具、制作工艺、盛装、感官要求、最佳食用时间与温度。

本文件适用于传统黔菜贵州辣子鸡（贵阳风味）的加工烹制，烹饪教育与培训教材。

2　规范性引用文件

下列文件中的内容通过文中的规范性引用而构成本文件必不可少的条款。其中，注日期的引用文件，仅该日期对应的版本适用于本文件；不注日期的引用文件，其最新版本（包括所有的修改单）适用于本文件。

GB/T 317《白砂糖》

GB 2721《食品安全国家标准　食用盐》

GB 5749《生活饮用水卫生标准》

GB/T 18186《酿造酱油》

GB/T 30383《生姜》

GB/T 30391《花椒》

NY/T 744《绿色食品　葱蒜类蔬菜》

SB/T 10416《调味料酒》

T/QLY 002《黔菜术语与定义》

3 术语和定义

T/QLY 002界定的术语和定义适用于本文件。

4 原料及要求

4.1 主配料

净土公鸡1只（2 000 g）。

4.2 调味料

4.2.1 糍粑辣椒300 g。

4.2.2 豆瓣酱50 g。

4.2.3 花椒15 g，应符合GB/T 30391的规定。

4.2.4 甜酱20 g。

4.2.5 盐5 g，应符合GB 2721的规定。

4.2.6 白糖4 g，应符合GB/T 317的规定。

4.2.7 酱油10 mL，应符合GB/T 18186的规定。

4.2.8 料酒20 mL，应符合SB/T 10416的规定。

4.3 料头

4.3.1 姜50 g，应符合GB/T 30383的规定。

4.3.2 蒜瓣100 g，应符合NY/T 744的规定。

4.3.3 葱结30 g，应符合NY/T 744的规定。

4.4 加工用水

应符合GB 5749的规定。

5 烹饪设备与工具

5.1 设备

炒锅、高压锅及配套设备。

5.2　工具

菜墩、刀具等。

6　制作工艺

6.1　初加工

6.1.1　土公鸡治净，砍成5 cm见方的鸡块。

6.1.2　姜洗净，拍破；蒜瓣去衣，洗净待用。

6.2　加工

6.2.1　炒锅置旺火上，放入油750 mL，烧至七成热，下入鸡块爆炒紧皮脱骨时，起锅连油盛入高压锅内，加盐、料酒、葱结、姜块，转气压至8 min。

6.2.2　锅内放入油300 mL烧热，下入糍粑辣椒炒炼至呈蟹黄色；加豆瓣酱、蒜瓣、花椒、甜酱，投入压好的鸡块翻炒，加盐、白糖、酱油炒至入味，收干水，油亮色红。

7　盛装

7.1　盛装器皿

圆形浅窝盘或平盘。

7.2　盛装方法

炒至汤汁收干，起锅装入盘内。

8　感官要求

8.1　色泽

色泽红亮，亮而不腻。

8.2　香味

辣香醇和，风味独特。

8.3　口味

肉质软糯，回味悠长。

8.4 质感

虽辣不猛，传统佳肴。

9 最佳食用时间与温度

菜肴出锅装盘后，食用时间以不超过30 min为宜，食用温度以47 ~ 57 ℃为宜。

ICS 67.020
CCS H 62

T/QLY

团 体 标 准

T/QLY 023—2021

传统黔菜 贵州辣子鸡（晴隆风味）烹饪技术规范

Traditional Guizhou Cuisine:
Guizhou Chicken with Chillies, Qinglong Style

2021-11-19发布 2021-11-22实施

贵州旅游协会 发布

目 次

传统黔菜　贵州辣子鸡（晴隆风味）烹饪技术规范

前　言

本文件按照GB/T 1.1—2020《标准化工作导则　第1部分：标准化文件的结构和起草规则》的规定起草。

本文件由贵州省文化和旅游厅、贵州省商务厅提出。

本文件由贵州旅游协会归口。

本文件起草单位：贵州轻工职业技术学院、晴隆县郑开春餐饮服务有限责任公司·豆豉辣子鸡、黔西南州饭店餐饮协会、贵州省张智勇技能大师工作室、贵州大学后勤管理处饮食服务中心、贵州鼎品智库餐饮管理有限公司、贵州雅园饮食集团、贵阳仟纳饮食文化有限公司·仟纳贵州宴（连锁）、贵州龙海洋皇宫餐饮有限公司·黔味源、贵州亮欢寨餐饮娱乐管理有限公司（连锁）、贵阳四合院饮食有限公司·家香（连锁）、贵州黔厨实业（集团）有限公司、贵州圭鑫酒店管理有限公司、绥阳县黔厨职业技术学校、贵阳大掌柜辣子鸡黔味坊餐饮（连锁）、息烽县叶老大阳朗辣子鸡有限公司、贵州盗汗鸡餐饮策划管理有限公司、兴义市追味餐饮服务有限公司、国家级秦立学技能大师工作室、贵州省吴茂钊技能大师工作室、省级·市级钱鹰名师工作室。

本文件主要起草人：吴茂钊、刘黔勋、杨波、郑开春、张智勇、高小书、洪钢、胡文柱、徐楠、杨丽彦、黄涛、肖喜生、王涛、任艳玲、李翌婼、夏雪、潘正芝、欧洁、古德明、黄永国、张乃恒、张建强、秦立学、钱鹰、龙凯江、娄孝东、潘绪学、王利君、梁伟、孙武山、郭茂江、陈克芬、何花、邓一、樊嘉、吴泽汶、俸千惠、胡林、王德璨、徐启运、樊筑川、雁飞、宋伟奇、吴笃琴、黎力、李兴文、罗洪士、黄长青、陈英、叶春江、叶刚、黄进松、林茂永、刘畑吕、马明康、罗福宇、杨帆、杨娟、李文群、任玉霞。

引　言

0.1　菜点源流

中国饭店协会授予晴隆县“中国辣子鸡小镇”。形成于抗战时期的晴隆辣子鸡，流行于周边餐饮市场，现已连锁到兴义、贵阳和省外多个城市。属于贵州辣子鸡风味中的一个独立风格，采用猛火爆炒，并与五成熟糍粑辣椒一并炒熟，辣椒香辣而不猛，红油丰富而不腻，糯香丰满不压味。

0.2　菜点典型形态示例

贵州辣子鸡（晴隆风味）　　（郑开春/制作　潘绪学/摄影）

传统黔菜　贵州辣子鸡（晴隆风味）烹饪技术规范

1　范围

本文件规定了传统黔菜贵州辣子鸡（晴隆风味）烹饪技术规范的原料及要求、烹饪设备与工具、制作工艺、盛装、感官要求、最佳食用时间与温度。

本文件适用于传统黔菜贵州辣子鸡（晴隆风味）的加工烹制，烹饪教育与培训教材。

2　规范性引用文件

下列文件中的内容通过文中的规范性引用而构成本文件必不可少的条款。其中，注日期的引用文件，仅该日期对应的版本适用于本文件；不注日期的引用文件，其最新版本（包括所有的修改单）适用于本文件。

GB 2720《食品安全国家标准　味精》

GB 2721《食品安全国家标准　食用盐》

GB 5749《生活饮用水卫生标准》

GB/T 18186《酿造酱油》

GB/T 30383《生姜》

GB/T 30391《花椒》

NY/T 455《胡椒》

NY/T 744《绿色食品　葱蒜类蔬菜》

T/QLY 002《黔菜术语与定义》

3 术语和定义

T/QLY 002界定的术语和定义适用于本文件。

4 原料及要求

4.1 主配料

4.1.1 土公鸡1只（2 300 g）。

4.1.2 混合糍粑辣椒250 g。

4.1.3 油豆豉150 g。

4.2 调味料

4.2.1 豆瓣酱30 g。

4.2.2 花椒3 g，应符合GB/T 30391的规定。

4.2.3 砂仁5 g。

4.2.4 盐3 g，应符合GB 2721的规定。

4.2.5 味精1 g，应符合GB 2720的规定。

4.2.6 鸡精3 g。

4.2.7 胡椒粉5 g，应符合NY/T 455的规定。

4.2.8 酱油10 mL，应符合GB/T 18186的规定。

4.3 料头

4.3.1 姜片22 g，应符合GB/T 30383的规定。

4.3.2 蒜瓣150 g，应符合NY/T 744的规定。

4.3.3 香菜段2 g。

4.4 加工用水

应符合GB 5749的规定。

5　烹饪设备与工具

5.1　设备

炒锅及配套设备。

5.2　工具

菜墩、刀具等。

6　制作工艺

6.1　初加工

6.1.1　选用放养土公鸡为佳，宰杀治净，砍成3 cm大小的块状。

6.1.2　选用花溪辣椒、遵义辣椒、毕节辣椒制成糍粑辣椒；大蒜去衣，洗净；生菜籽油制熟处理。

6.2　加工

6.2.1　炒锅置旺火上，放入熟菜籽油300 mL烧热，投入鸡块煸炒5 min散至发白的半成熟，捞出控油。

6.2.2　锅内的余油烧热，下入糍粑辣椒炒至半成熟，加豆瓣酱、砂仁、花椒、姜片炒至香味并呈蟹黄色；放入油豆豉、蒜瓣，加盐炒匀入味，投入半成熟的鸡块煸炒至软糯红亮；加鸡精、味精、胡椒粉、酱油继续炒至入味，水分收干并油红亮，起锅装入盘内，撒入香菜段点缀。

7　盛装

7.1　盛装器皿

圆形浅窝盘。

7.2　盛装方法

入味后并收干亮油，装入盘内即成。

8 感官要求

8.1 色泽

色泽诱人，油润红亮。

8.2 香味

香味扑鼻，糯香丰满。

8.3 口味

口感香醇，辣而不猛。

8.4 质感

软糯化渣，油而不腻。

9 最佳食用时间与温度

菜肴出锅装盘后，食用时间以不超过30 min为宜，食用温度以47～57 ℃为宜。

ICS 67.020
CCS H 62

T/QLY

团　体　标　准

T/QLY 024—2021

传统黔菜
贵州辣子鸡（豆豉风味）
烹饪技术规范

Traditional Guizhou Cuisine:
Guizhou Chicken with Chillies with Flavor of Fermented Soybeans

2021-11-19发布　　2021-11-22实施

贵州旅游协会　发布

目 次

前　言

本文件按照GB/T 1.1—2020《标准化工作导则　第1部分：标准化文件的结构和起草规则》的规定起草。

本文件由贵州省文化和旅游厅、贵州省商务厅提出。

本文件由贵州旅游协会归口。

本文件起草单位：贵州轻工职业技术学院、晴隆县郑开春餐饮服务有限责任公司·豆豉辣子鸡、黔西南州饭店餐饮协会、贵州省张智勇技能大师工作室、贵州大学后勤管理处饮食服务中心、贵州鼎品智库餐饮管理有限公司、贵州雅园饮食集团、贵阳仟纳饮食文化有限公司·仟纳贵州宴（连锁）、贵州龙海洋皇宫餐饮有限公司·黔味源、贵州亮欢寨餐饮娱乐管理有限公司（连锁）、贵阳四合院饮食有限公司·家香（连锁）、贵州黔厨实业（集团）有限公司、贵州圭鑫酒店管理有限公司、绥阳县黔厨职业技术学校、贵阳大掌柜辣子鸡黔味坊餐饮（连锁）、息烽县叶老大阳朗辣子鸡有限公司、贵州盗汗鸡餐饮策划管理有限公司、兴义市追味餐饮服务有限公司、国家级秦立学技能大师工作室、贵州省吴茂钊技能大师工作室、省级·市级钱鹰名师工作室。

本文件主要起草人：吴茂钊、郑开春、刘黔勋、杨波、洪钢、胡文柱、徐楠、杨丽彦、黄涛、肖喜生、王涛、任艳玲、李翌婼、夏雪、潘正芝、欧洁、古德明、黄永国、张乃恒、张建强、秦立学、钱鹰、龙凯江、娄孝东、潘绪学、王利君、梁伟、孙武山、郭茂江、陈克芬、何花、邓一、樊嘉、吴泽汶、俸千惠、胡林、王德璨、徐启运、樊筑川、雁飞、宋伟奇、吴笃琴、黎力、李兴文、罗洪士、黄长青、陈英、叶春江、叶刚、黄进松、林茂永、刘烟吕、马明康、罗福宇、杨帆、杨娟、李支群、任玉霞。

引 言

0.1 菜点源流

辣子鸡在不同区域各具不同风味，民间多辅助豆豉、麦酱等调味制作的辣子鸡，自成一体，风格独立；豉香味厚，辣香浓郁，辣而不燥，佐饭佳肴。

0.2 菜点典型形态示例

贵州辣子鸡（豆豉风味） （郑开春/制作 潘绪学/摄影）

传统黔菜　贵州辣子鸡（豆豉风味）烹饪技术规范

1　范围

本文件规定了传统黔菜贵州辣子鸡（豆豉风味）烹饪技术规范的原料及要求、烹饪设备与工具、制作工艺、盛装、感官要求、最佳食用时间与温度。

本文件适用于传统黔菜贵州辣子鸡（豆豉风味）的加工烹制，烹饪教育与培训教材。

2　规范性引用文件

下列文件中的内容通过文中的规范性引用而构成本文件必不可少的条款。其中，注日期的引用文件，仅该日期对应的版本适用于本文件；不注日期的引用文件，其最新版本（包括所有的修改单）适用于本文件。

GB/T 317《白砂糖》

GB 2720《食品安全国家标准　味精》

GB 2721《食品安全国家标准　食用盐》

GB 5749《生活饮用水卫生标准》

GB/T 18186《酿造酱油》

GB/T 30383《生姜》

GB/T 30391《花椒》

NY/T 455《胡椒》

NY/T 744《绿色食品　葱蒜类蔬菜》

T/QLY 002《黔菜术语与定义》

3 术语和定义

T/QLY 002界定的术语和定义适用于本文件。

4 原料及要求

4.1 主配料

4.1.1　净土公鸡2 000 g。

4.1.2　鲜香菇200 g。

4.2 调味料

4.2.1　油豆豉50 g。

4.2.2　混合糍粑辣椒200 g。

4.2.3　豆瓣酱30 g。

4.2.4　花椒5 g，应符合GB/T 30391的规定。

4.2.5　砂仁5 g。

4.2.6　盐3 g，应符合GB 2721的规定。

4.2.7　味精1 g，应符合GB 2720的规定。

4.2.8　鸡精3 g。

4.2.9　白糖2 g，应符合GB/T 317的规定。

4.2.10　胡椒粉5 g，应符合NY/T 455的规定。

4.2.11　酱油10 mL，应符合GB/T 18186的规定。

4.3 料头

4.3.1　姜片22 g，应符合GB/T 30383的规定。

4.3.2　蒜瓣150 g，应符合NY/T 744的规定。

4.3.3　香菜段2 g。

4.4 加工用水

应符合GB 5749的规定。

5　烹饪设备与工具

5.1　炊具

炒锅及配套设备。

5.2　器具

菜墩、刀具等。

6　制作工艺

6.1　初加工

6.1.1　选用放养土公鸡为佳，宰杀、放血、烫毛、剖腹、洗净；连肉带骨砍成3 cm见方的鸡块。

6.1.2　选用花溪辣椒、遵义辣椒、毕节辣椒按照3∶3∶4比例混合，制成糍粑辣椒。

6.1.3　鲜香菇洗净，切成小块；蒜瓣去衣，洗净。

6.2　加工

6.2.1　炒锅置旺火上，放入熟菜籽油300 mL，烧至六成热；投入鸡块煸炒5 min散至发白的半成熟，捞出控油。

6.2.2　锅内的余油烧热，下入糍粑辣椒炒至半成熟；加豆瓣酱、油豆豉、砂仁、花椒、姜片炒至香味并呈蟹黄色；放入香菇块、蒜瓣，加盐炒匀入味；投入鸡块煸炒至软糯红亮，加鸡精、味精、胡椒粉、白糖、酱油炒至收干水分并入味，起锅装入盘内，撒入香菜段点缀。

7　盛装

7.1　盛装器皿

圆形浅窝盘或平盘。

7.2　盛装方法

收干水分并油红亮，起锅装入盘内。

8 感官要求

8.1 色泽

油润红亮，红艳诱人。

8.2 香味

豉香味厚，辣香浓郁。

8.3 口味

肉质软糯，独立风格。

8.4 质感

肉嫩软糯，辣香醇和。

9 最佳食用时间与温度

菜肴出锅装盘后，食用时间以不超过30 min为宜，食用温度以47 ~ 57 ℃为宜。

ICS 67.020
CCS H 62

T/QLY

团　体　标　准

T/QLY 025—2021

传统黔菜 娄山黄焖鸡烹饪技术规范

Traditional Guizhou Cuisine: Standard for Cuisine Craftsmanship of Loushan Braised Chicken

2021-11-19发布　　2021-11-22实施

贵州旅游协会　发布

生、王涛、任艳玲、李翌婼、夏雪、潘正芝、欧洁、张智勇、张乃恒、张建强、秦立学、钱鹰、龙凯江、娄孝东、潘绪学、高小书、王利君、梁伟、孙武山、郭茂江、陈克芬、何花、邓一、樊嘉、吴笃琴、黎力、李兴文、罗洪士、吴泽汶、俸千惠、胡林、王德璨、徐启运、樊筑川、雁飞、宋伟奇、黄长青、陈英、叶春江、叶刚、郑开春、杨娟、李支群、任玉霞。

引　言

0.1　菜点源流

遵义美食地标美味，桐梓县特色美食佳肴，尤以娄山黄焖鸡著名，传承百年历史，并影响周边及省内外黔菜馆。兼具红烧酱焖与糍粑辣椒红焖两种风格的贵州黄焖风味，鸡肉软糯香辣，竹笋脆爽细腻。

0.2　菜点典型形态示例

娄山黄焖鸡　（唐静/制作　金剑波/摄影）

传统黔菜 娄山黄焖鸡烹饪技术规范

1 范围

本文件规定了传统黔菜娄山黄焖鸡烹饪技术规范的原料及要求、烹饪设备与工具、制作工艺、盛装、感官要求、最佳食用时间与温度。

本文件适用于传统黔菜娄山黄焖鸡的加工烹制，烹饪教育与培训教材。

2 规范性引用文件

下列文件中的内容通过文中的规范性引用而构成本文件必不可少的条款。其中，注日期的引用文件，仅该日期对应的版本适用于本文件；不注日期的引用文件，其最新版本（包括所有的修改单）适用于本文件。

GB/T 317《白砂糖》

GB 2720《食品安全国家标准 味精》

GB 5749《生活饮用水卫生标准》

GB/T 18186《酿造酱油》

GB/T 30383《生姜》

NY/T 455《胡椒》

NY/T 744《绿色食品 葱蒜类蔬菜》

QB/T 2745《烹饪黄酒》

DBS 52/011《食品安全地方标准 贵州辣椒面》

T/QLY 002《黔菜术语与定义》

3　术语和定义

T/QLY 002 界定的术语和定义适用于本文件。

4　原料及要求

4.1　主配料

4.1.1　肥仔公鸡1只（2 500 g）。

4.1.2　干方竹笋100 g。

4.2　调味料

4.2.1　糍粑辣椒100 g。

4.2.2　豆瓣酱30 g。

4.2.3　细辣椒面10 g，应符合DBS 52/011的规定。

4.2.4　味精1 g，应符合GB 2720的规定。

4.2.5　鸡精2 g。

4.2.6　山柰粉2 g。

4.2.7　胡椒粉2 g，应符合NY/T 455的规定。

4.2.8　白糖2 g，应符合GB/T 317的规定。

4.2.9　酱油10 mL，应符合GB/T 18186的规定。

4.2.10　黄酒30 mL，应符合QB/T 2745的规定。

4.2.11　盐5 g。

4.3　料头

4.3.1　姜30 g，应符合GB/T 30383的规定。

4.3.2　蒜瓣15 g，应符合NY/T 744的规定。

4.3.3　香菜3 g。

4.3.4　熟白芝麻1 g。

4.4　加工用水

应符合GB 5749的规定。

5 烹饪设备与工具

5.1 设备

炒锅及配套设备。

5.2 工具

菜墩、刀具等。

6 制作工艺

6.1 初加工

6.1.1 仔公鸡宰杀、烫毛、褪毛，摘去内脏，治净，斩成4 cm见方的块状。

6.1.2 干方竹笋用温水浸泡4 h涨发，其间换3～4次水涨发至柔软，控水，去头部老根，切3 cm长的段，放入汤锅内加清水煮至熟软。

6.1.3 姜洗净，拍破；香菜摘去根须并洗净，摘成小段。

6.2 加工

6.2.1 炒锅置旺火上，放入油300 mL，烧热，下入糍粑辣椒煸炒至呈褐黄色；下入豆瓣酱煵炒酥香并油红，掺入鲜汤烧沸，调入盐、白糖、山柰粉、酱油，烧至出味，去掉辣椒渣制成红汤，待用。

6.2.2 锅内下宽油（500 mL），烧至七成热，投入鸡块爆至五成熟，捞出沥油。锅内放入油50 mL烧热，下入姜块爆香，加细辣椒面炒香；放入爆好的鸡块、方竹笋段，烹入黄酒翻炒至鸡肉香味突出；掺入预制好的红汤烧沸，倒入高压锅内，加盖上气后小火焖8 min，离火自然停气后，开盖倒入炒锅内，放入蒜瓣，加味精、鸡精、胡椒粉，将汤汁烧至浓郁，起锅装入砂锅内，撒上熟白芝麻、香菜段。

7　盛装

7.1　盛装器皿

浅底砂锅。

7.2　盛装方法

倒入砂锅内，并在表面撒上熟白芝麻、香菜段即成。

8　感官要求

8.1　色泽

汤汁红亮，色泽红艳。

8.2　香味

辣香四溢，鸡笋浓郁。

8.3　口味

香辣浓厚，口齿留香。

8.4　质感

肉香笋脆，软糯沥骨。

9　最佳食用时间与温度

菜肴出锅盛装砂锅后，食用时间以不超过30 min为宜，食用温度以47～65 ℃为宜；作为火锅食用时，边煮边食，食用时间延长，食用温度增高，可根据食客喜好调整。

ICS 67.020
CCS H 62

T/QLY

团 体 标 准

T/QLY 026—2021

传统黔菜 引子夹沙肉烹饪技术规范

Traditional Guizhou Cuisine: Standard for Cuisine Craftsmanship of Sandwich Meat with Black Sesame Paste

2021-11-19发布 2021-11-22实施

贵州旅游协会 发布

目　次

前　言

本文件按照GB/T 1.1—2020《标准化工作导则　第1部分：标准化文件的结构和起草规则》的规定起草。

本文件由贵州省文化和旅游厅、贵州省商务厅提出。

本文件由贵州旅游协会归口。

本文件起草单位：贵州轻工职业技术学院、贵阳四合院饮食有限公司·家香（连锁）、贵州鼎品智库餐饮管理有限公司、贵州大学后勤管理处饮食服务中心、贵州雅园饮食集团、贵州龙海洋皇宫餐饮有限公司·黔味源、贵州亮欢寨餐饮娱乐管理有限公司（连锁）、贵阳仟纳饮食文化有限公司·仟纳贵州宴（连锁）、贵州黔厨实业（集团）有限公司、贵州圭鑫酒店管理有限公司、绥阳县黔厨职业技术学校、黔西南州饭店餐饮协会、贵州盗汗鸡餐饮策划管理有限公司、兴义市追味餐饮服务有限公司、国家级秦立学技能大师工作室、贵州省吴茂钊技能大师工作室、贵州省张智勇技能大师工作室、省级·市级钱鹰名师工作室。

本文件主要起草人：吴茂钊、刘黔勋、杨绍宇、王德璨、徐启运、杨波、洪钢、胡文柱、徐楠、杨丽彦、黄涛、肖喜生、王涛、任艳玲、夏雪、潘正芝、李翌婼、钱鹰、张智勇、张乃恒、张建强、龙凯江、娄孝东、潘绪学、高小书、王利君、梁伟、孙武山、杨绍宇、欧洁、陈克芬、何花、邓一、樊嘉、吴泽汶、俸千惠、胡林、樊筑川、雁飞、宋伟奇、吴笃琴、黎力、李兴文、罗洪士、杨娟、李支群、任玉霞。

引 言

0.1 菜点源流

夹沙肉风味极多，最有特色的是选用本地人称为“引子”的油性苏麻制作的甜馅，夹在走红、制皮的五花肉中，铺于碗底；再盖上浸泡淘洗过的糯米，慢火蒸至肉脱脂，米软糯，馅香醇；色艳味美，肥而不腻。

0.2 菜点典型形态示例

引子夹沙肉 （徐启运/制作 潘绪学/摄影）

传统黔菜　引子夹沙肉烹饪技术规范

1　范围

本文件规定了传统黔菜引子夹沙肉烹饪技术规范的原料及要求、烹饪设备与工具、制作工艺、盛装、感官要求、最佳食用时间与温度。

本文件适用于传统黔菜引子夹沙肉的加工烹制，烹饪教育与培训教材。

2　规范性引用文件

下列文件中的内容通过文中的规范性引用而构成本文件必不可少的条款。其中，注日期的引用文件，仅该日期对应的版本适用于本文件；不注日期的引用文件，其最新版本（包括所有的修改单）适用于本文件。

GB/T 317《白砂糖》

GB 5749《生活饮用水卫生标准》

GB/T 8937《食用猪油》

GH/T 18796《蜂蜜》

GB/T 35885《红糖》

T/QLY 002《黔菜术语与定义》

3　术语和定义

T/QLY 002界定的术语和定义适用于本文件。

4 原料及要求

4.1 主配料

4.1.1 带皮猪宝肋肉300 g。

4.1.2 白糯米100 g。

4.1.3 苏麻50 g。

4.2 调味料

4.2.1 红糖面60 g，红糖应符合GB/T 35885的规定。

4.2.2 白糖25 g，应符合GB/T 317的规定。

4.2.3 蜂蜜水15 mL，蜂蜜应符合GH/T 18796的规定。

4.2.4 熟猪油25 mL，应符合GB/T 8937的规定。

4.3 加工用水

应符合GB 5749的规定。

5 烹饪设备与工具

5.1 设备

拌料钵配套设备。

5.2 工具

菜墩、刀具等。

6 制作工艺

6.1 初加工

6.1.1 猪肉用燎火将皮烧尽茸毛且焦黑，刮洗干净，放入清水锅中煮至刚熟，捞出，用干净毛巾将肉皮水汽搌干；迅速涂抹上蜂蜜水，再晾凉。

6.1.2 白糯米夏天用温水浸泡2 h，冬天用温水浸泡4 h，淘洗净后，放入铺有纱布的笼格内，用旺火蒸至刚熟，出笼倒入盆内，加红糖面、熟猪油拌匀。

6.2　加工

6.2.1　锅内放入油（500 mL），烧至七成热，下入抹好的猪肉炸至表面棕红色，捞出放入清水中浸泡至软和，控水。

6.2.2　将猪肉切成连刀片长8～10 cm，两刀断成连刀片厚0.5 cm，逐片夹入苏麻，摆放入蒸碗内呈“一封书”状；码入拌好的红糖糯米铺上，放入蒸锅内用旺火沸水蒸约1 h至软糯，出笼翻扣盘内，撒上白糖。

7　盛装

7.1　盛装器皿

蒸碗及小窝盘。

7.2　盛装方法

翻扣。

8　感官要求

8.1　色泽

皮色棕红，晶莹透亮。

8.2　香味

肉香浓郁，米香扑鼻。

8.3　口味

香甜油润，苏麻细脆。

8.4　质感

质地软糯，开胃健脾。

9　最佳食用时间与温度

菜肴出锅装盘后，食用时间以不超过5 min为宜，食用温度以47～57 ℃为宜。

ICS 67.020
CCS H 62

T/QLY

团体标准

T/QLY 027—2021

传统黔菜
豆豉回锅肉烹饪技术规范

Traditional Guizhou Cuisine: Standard for Cuisine Craftsmanship of Sliced Boiled Pork Fried with Fermented Soybeans

2021-11-19发布 2021-11-22实施

贵州旅游协会 发布

目 次

前　言

本文件按照GB/T 1.1—2020《标准化工作导则　第1部分：标准化文件的结构和起草规则》的规定起草。

本文件由贵州省文化和旅游厅、贵州省商务厅提出。

本文件由贵州旅游协会归口。

本文件起草单位：贵州轻工职业技术学院、贵州酒店集团有限公司·贵州饭店、国家级·省级秦立学技能大师工作室、省级孙俊革劳模工作室、贵州大学后勤管理处饮食服务中心、贵州鼎品智库餐饮管理有限公司、贵州雅园饮食集团、贵州龙海洋皇宫餐饮有限公司·黔味源、贵阳仟纳饮食文化有限公司·仟纳贵州宴（连锁）、贵州亮欢寨餐饮娱乐管理有限公司（连锁）、贵阳四合院饮食有限公司·家香（连锁）、贵州黔厨实业（集团）有限公司、绥阳县黔厨职业技术学校、贵州圭鑫酒店管理有限公司、黔西南州饭店餐饮协会、贵州盗汗鸡餐饮策划管理有限公司、兴义市追味餐饮服务有限公司、贵州省吴茂钊技能大师工作室、贵州省张智勇技能大师工作室、省级·市级钱鹰名师工作室。

本文件主要起草人：吴茂钊、胡文柱、刘黔勋、杨波、秦立学、孙俊革、付立刚、李永峰、梁建勇、丁振、洪钢、徐楠、杨丽彦、黄涛、肖喜生、王涛、任艳玲、李翌婼、夏雪、潘正芝、钱鹰、张智勇、张乃恒、张建强、龙凯江、娄孝东、潘绪学、高小书、王利君、梁伟、孙武山、郭茂江、欧洁、陈克芬、何花、邓一、樊嘉、吴泽汶、俸千惠、胡林、王德璨、徐启运、樊筑川、雁飞、宋伟奇、吴笃琴、黎力、李兴文、罗洪士、杨娟、李支群、任玉霞。

引 言

0.1 菜点源流

用传统祭祀后的刀头肉制作而成，全国各地皆有制作。多制作成蒜泥白肉和回锅肉。贵州以豆豉回锅肉、糟辣家常回锅肉居多，前者干香微辣软，酱香豉味浓佐酒；后者糟香酸辣味浓下饭。

0.2 菜点典型形态示例

豆豉回锅肉 （李永峰/制作 潘绪学/摄影）

传统黔菜　豆豉回锅肉烹饪技术规范

1　范围

本文件规定了传统黔菜豆豉回锅肉技术规范的原料及要求、烹饪设备与工具、制作工艺、盛装、感官要求、最佳食用时间与温度。

本文件适用于传统黔菜豆豉回锅肉的加工烹制，烹饪教育与培训教材。

2　规范性引用文件

下列文件中的内容通过文中的规范性引用而构成本文件必不可少的条款。其中，注日期的引用文件，仅该日期对应的版本适用于本文件；不注日期的引用文件，其最新版本（包括所有的修改单）适用于本文件。

GB/T 317《白砂糖》

GB 2721《食品安全国家标准　食用盐》

GB 5749《生活饮用水卫生标准》

GB/T 18186《酿造酱油》

GB/T 30383《生姜》

NY/T 744《绿色食品　葱蒜类蔬菜》

T/QLY 002《黔菜术语与定义》

3 术语和定义

T/QLY 002界定的术语和定义适用于本文件。

4 原料及要求

4.1 主配料

4.1.1 带皮猪坐臀肉200 g。

4.1.2 熟糍粑辣椒40 g。

4.1.3 贵州干豆豉15 g。

4.2 调味料

4.2.1 盐1 g，应符合GB 2721的规定。

4.2.2 白糖2 g，应符合GB/T 317的规定。

4.2.3 酱油12 mL，应符合GB/T 18186的规定。

4.2.4 鲜汤30 mL。

4.3 料头

4.3.1 姜片10 g，应符合GB/T 30383的规定。

4.3.2 蒜片10 g，应符合NY/T 744的规定。

4.3.3 蒜苗20 g。

4.4 加工用水

应符合GB 5749的规定。

5 烹饪设备与工具

5.1 设备

炒锅及配套设备。

5.2 工具

菜墩、刀具等。

6 制作工艺

6.1 初加工

6.1.1 将坐臀肉皮烧尽茸毛、焦黑部分，刮洗干净，放入清水锅中煮至断生，捞出控水，切成长5 cm、宽4 cm、厚0.15 cm的薄片。

6.1.2 蒜苗洗净，切成马耳朵形的段。

6.2 加工

炒锅置旺火上，放入油30 mL烧热；下入肉片炒至肉呈灯盏窝形、吐油时，倒出多余的油。下入姜片、蒜片炒至香，加熟糍粑辣椒、干豆豉炒出香味并油红，投入煸炒好的肉片，烹入鲜汤，加盐、白糖、酱油，撒入蒜苗段翻炒均匀，亮油。

7 盛装

7.1 盛装器皿

圆形浅窝盘或平盘。

7.2 盛装方法

亮油起锅装入盘内。

8 感官要求

8.1 色泽

油汁红亮，增进食欲。

8.2 香味

干香滋润，香味浓郁。

8.3 口味

咸鲜香辣，家常味浓。

8.4 质感

质地糯软，佐饭佳肴。

目 次

前　言

本文件按照GB/T 1.1—2020《标准化工作导则　第1部分：标准化文件的结构和起草规则》的规定起草。

本文件由贵州省文化和旅游厅、贵州省商务厅提出。

本文件由贵州旅游协会归口。

本文件起草单位：贵州轻工职业技术学院、贵阳仟纳饮食文化有限公司·仟纳贵州宴（连锁）、贵州大学后勤管理处饮食服务中心、贵州鼎品智库餐饮管理有限公司、贵州雅园饮食集团、贵州龙海洋皇宫餐饮有限公司·黔味源、贵州亮欢寨餐饮娱乐管理有限公司、贵阳四合院饮食有限公司·家香（连锁）、绥阳县黔厨职业技术学校、贵州黔厨实业（集团）有限公司、贵州盗汗鸡餐饮策划管理有限公司、贵州圭鑫酒店管理有限公司、黔西南州饭店餐饮协会、遵义市红花岗区烹饪协会、遵义市红花岗区餐饮行业商会、兴义市追味餐饮服务有限公司、贵州省吴茂钊技能大师工作室、贵州省张智勇技能大师工作室、省级·市级钱鹰名师工作室。

本文件主要起草人：吴茂钊、刘黔勋、杨波、吴泽汶、俸千惠、胡林、刘公瑾、洪钢、胡文柱、徐楠、杨丽彦、黄涛、肖喜生、王涛、任艳玲、李翌婼、夏雪、潘正芝、欧洁、钱鹰、古德明、黄永国、张智勇、张乃恒、张建强、龙凯江、娄孝东、潘绪学、高小书、梁伟、孙武山、陈克芬、何花、邓一、樊嘉、王德璨、徐启运、吴笃琴、黎力、李兴文、罗洪士、樊筑川、雁飞、宋伟奇、杨娟、李支群、任玉霞。

引　言

0.1　菜点源流

黔菜酒楼将农家宰杀年猪时的习俗进行移植，再现乡间杀猪时约请左邻右舍亲朋好友相聚的情景：在取出肉杂时第一时间炒上一锅肉请大家享用，并配些食材继续烫煮。整齐有序，健康规范，让大家更好地享用美食。

0.2　菜点典型形态示例

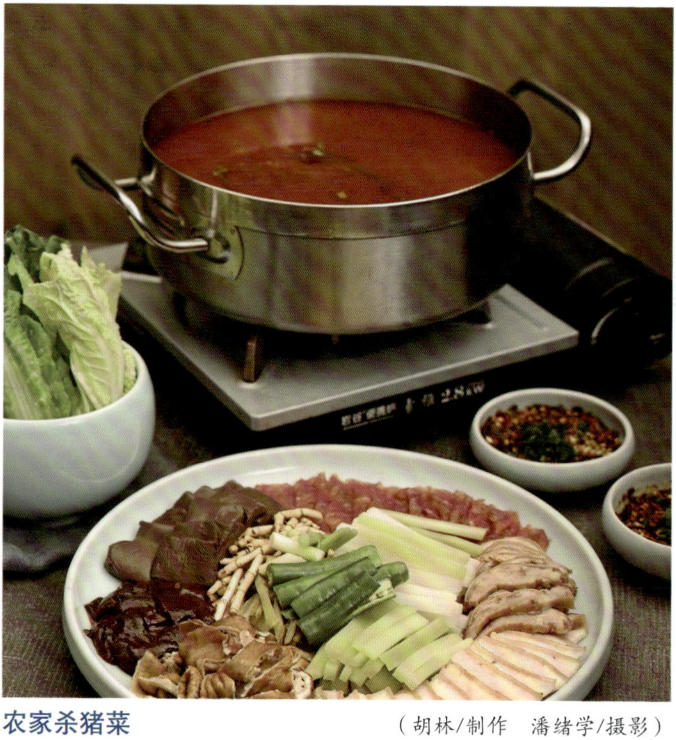

农家杀猪菜　　（胡林/制作　潘绪学/摄影）

传统黔菜　农家杀猪菜烹饪技术规范

1　范围

本文件规定了传统黔菜贵州农家杀猪菜烹饪技术规范的原料及要求、烹饪设备与工具、制作工艺、盛装、感官要求、最佳食用时间与温度。

本文件适用于传统黔菜贵州农家杀猪菜的加工烹制，烹饪教育与培训教材。

2　规范性引用文件

下列文件中的内容通过文中的规范性引用而构成本文件必不可少的条款。其中，注日期的引用文件，仅该日期对应的版本适用于本文件；不注日期的引用文件，其最新版本（包括所有的修改单）适用于本文件。

GB/T 317《白砂糖》

GB 2720《食品安全国家标准　味精》

GB 2721《食品安全国家标准　食用盐》

GB 5749《生活饮用水卫生标准》

GB/T 8937《食用猪油》

GB/T 30383《生姜》

NY/T 455《胡椒》

NY/T 744《绿色食品　葱蒜类蔬菜》

T/QLY 002《黔菜术语与定义》

3 术语和定义

T/QLY 002界定的术语和定义适用于本文件。

4 原料及要求

4.1 主配料

4.1.1 鲜猪肉200 g。

4.1.2 猪五花肉150 g。

4.1.3 猪排骨150 g。

4.1.4 猪大肠100 g。

4.1.5 猪肚100 g。

4.1.6 猪腰100 g。

4.1.7 猪粉肠100 g。

4.1.8 猪肝80 g。

4.1.9 猪心80 g。

4.1.10 猪血旺100 g。

4.1.11 四季豆米300 g。

4.1.12 时令蔬菜3种。

4.2 调味料

4.2.1 糟辣椒120 g。

4.2.2 盐5 g，应符合GB 2721的规定。

4.2.3 味精3 g，应符合GB 2720的规定。

4.2.4 胡椒粉2 g，应符合NY/T 455的规定。

4.2.5 白糖3 g，应符合GB/T 317的规定。

4.2.6 熟猪油200 mL，应符合GB/T 8937的规定。

4.3 料头

4.3.1 泡仔姜30 g，应符合GB/T 30383的规定。

4.3.2 拍蒜子30 g，应符合NY/T 744的规定。

4.3.3　蒜苗段12 g。

4.3.4　香葱段5 g，应符合NY/T 744的规定。

4.4　加工用水

应符合GB 5749的规定。

5　烹饪设备与工具

5.1　设备

炒锅及配套设备。

5.2　工具

菜墩、刀具等。

6　制作工艺

6.1　初加工

6.1.1　猪大肠、猪粉肠、猪肚分别用陈醋、盐、面粉反复翻洗搓净，控水；入沸水锅中分别煮熟，熟猪大肠切成滚刀块、熟猪肚切成一字条、猪粉肠切断。

6.1.2　猪血旺用沸水焯透，冲净，切成骨牌厚片；猪腰去内臊，洗净，切成斜刀片；鲜猪肉、五花肉、猪肝、猪心分别切成片。

6.1.3　所有生熟肉杂分别摆放于盘中，豆干与时令蔬菜切片、条分别装入拼盘中。

6.1.4　四季豆米加猪筒子骨煨熟透，一半豆米开花成粉腻状。

6.1.5　按人数取蘸水碗逐个放煳辣椒、姜米、蒜米、花椒面、盐、木姜子油、葱花制成煳辣椒蘸水。

6.2　加工

炒锅置旺火上，放熟猪油200 mL烧热；泡仔姜、拍蒜子爆香，下入糟辣椒煸炒至油红，加白糖炒出香味；投入熟四季豆米煵炒至翻沙，掺入豆米、猪排骨原汤混合烧沸；加盐、味精、胡椒粉调好味，起锅装入盛器，撒入蒜苗段、香葱段。上桌时配煳辣椒蘸水、荤菜盘、蔬菜盘。

7 盛装

7.1 盛装器皿

火锅或砂锅。

7.2 盛装方法

拼装、分装，带火、带辣椒蘸水上桌。

8 感观要求

8.1 色泽

色泽鲜红，感观饱满。

8.2 香味

豆香浓郁，酸香食欲。

8.3 口味

酸鲜微辣，现煮现食。

8.4 质感

绵韧香醇，口感多样。

9 最佳食用时间与温度

菜肴出锅装盘后，食用时间以不超过15 min为宜，烫煮温度以90 ℃为宜，食用温度以57 ~ 75 ℃为宜。

ICS 67.020
CCS H 62

T/QLY

团　　　体　　　标　　　准

T/QLY 029—2021

传统黔菜
羊瘪烹饪技术规范

Traditional Guizhou Cuisine: Standard for Cuisine Craftsmanship of Tashi Fragrant To-be Digested Forage within Sheep Stomach

2021-11-19发布　　2021-11-22实施

贵州旅游协会　发布

目　次

前　言

本文件按照GB/T 1.1—2020《标准化工作导则　第1部分：标准化文件的结构和起草规则》的规定起草。

本文件由贵州省文化和旅游厅、贵州省商务厅提出。

本文件由贵州旅游协会归口。

本文件起草单位：贵州轻工职业技术学院、贵州亮欢寨餐饮娱乐管理有限公司（连锁）、贵州大学后勤管理处饮食服务中心、贵州鼎品智库餐饮管理有限公司、贵州雅园饮食集团、贵阳仟纳饮食文化有限公司·仟纳贵州宴（连锁）、贵州龙海洋皇宫餐饮有限公司·黔味源、贵阳四合院饮食有限公司·家香（连锁）、贵州黔厨实业（集团）有限公司、贵州圭鑫酒店管理有限公司、绥阳县黔厨职业技术学校、黔西南州饭店餐饮协会、贵州盗汗鸡餐饮策划管理有限公司、兴义市追味餐饮服务有限公司、国家级秦立学技能大师工作室、贵州省吴茂钊技能大师工作室、贵州省张智勇技能大师工作室、省级·市级钱鹰名师工作室。

本文件主要起草人：吴茂钊、黄涛、潘正芝、刘黔勋、杨波、吴笃琴、黎力、李兴文、罗洪士、凌泳峰、洪钢、胡文柱、徐楠、杨丽彦、肖喜生、王涛、任艳玲、李翌婼、夏雪、钱鹰、张智勇、张乃恒、张建强、龙凯江、娄孝东、潘绪学、高小书、王利君、梁伟、孙武山、杨绍宇、欧洁、陈克芬、何花、邓一、樊嘉、吴泽汶、俸千惠、胡林、樊筑川、雁飞、宋伟奇、王德璨、徐启运、杨娟、李支群、任玉霞。

引　言

0.1　菜点源流

“侗族四小香”为香羊、香猪、香鸡、香米。瘪的制作是宰杀香羊后，取食道至小肠之间，待消化的草汁过滤，取绿色的液体作为生瘪，以鲜山柰、花椒、生姜、香菜、桔皮、大蒜、朝天辣等配料，油煎而成熟瘪；生瘪适宜鲜食，熟瘪易保存，味道淡雅醇厚，具有补肾、健胃、清火之功效。羊瘪色泽草绿，味异苦，但以其烹制牛羊肉，会生成一种罕见的苦香，让人食之久久不忘。

0.2　菜点典型形态示例

羊瘪　　（罗洪士、凌泳峰/制作　潘绪学/摄影）

传统黔菜　羊瘪烹饪技术规范

1　范围

本文件规定了传统黔菜羊瘪烹饪技术规范的原料及要求、烹饪设备与工具、制作工艺、盛装、感官要求、最佳食用时间与温度。

本文件适用于传统黔菜羊瘪的加工烹制，烹饪教育与培训教材。

2　规范性引用文件

下列文件中的内容通过文中的规范性引用而构成本文件必不可少的条款。其中，注日期的引用文件，仅该日期对应的版本适用于本文件；不注日期的引用文件，其最新版本（包括所有的修改单）适用于本文件。

GB/T 317《白砂糖》

GB 2721《食品安全国家标准　食用盐》

GB 5749《生活饮用水卫生标准》

GB/T 18186《酿造酱油》

GB/T 30383《生姜》

GB/T 30391《花椒》

GH/T 1194《大蒜》

SB/T 10371《鸡精调味品》

SB/T 10416《调味料酒》

T/QLY 002《黔菜术语与定义》

3 术语和定义

T/QLY 002界定的术语和定义适用于本文件。

4 原料及要求

4.1 主配料

4.1.1 带皮羊肉150 g。

4.1.2 羊杂（羊肚、羊肝、羊肠）300 g。

4.1.3 白萝卜100 g。

4.1.4 芹菜25 g。

4.2 调味料

4.2.1 羊瘪汁5 mL。

4.2.2 椢油籽3 g。

4.2.3 鲜山柰10 g。

4.2.4 干辣椒段15 g。

4.2.5 花椒5 g，应符合GB/T 30391的规定。

4.2.6 陈皮2 g。

4.2.7 盐3 g，应符合GB 2721的规定。

4.2.8 鸡精3 g，应符合SB/T 10371的规定。

4.2.9 白糖2 g，应符合GB/T 317的规定。

4.2.10 酱油3 mL，应符合GB/T 18186的规定。

4.2.11 料酒15 mL，应符合SB/T 10416的规定。

4.3 料头

4.3.1 姜片10 g，应符合GB/T 30383的规定。

4.3.2 蒜瓣25 g，应符合GH/T 1194的规定。

4.3.3 香菜3 g。

4.4 加工用水

应符合GB 5749的规定。

5 烹饪设备与工具

5.1 设备

炒锅及配套设备。

5.2 工具

菜墩、刀具等。

6 制作工艺

6.1 初加工

6.1.1 羊肉、羊杂分别治净，切成1 cm×3 cm的粗丝，混合装入盛器内，调入盐、白糖、酱油、料酒码味5 min。

6.1.2 白萝卜去皮，洗净切成粗丝；芹菜、鲜山柰分别洗净，切成段；棰油籽舂成细粒状，陈皮撕成小块，用清水浸泡片刻。

6.2 加工

6.2.1 炒锅置旺火上，放入熟菜油500 mL烧热，下入码好味的羊肉、羊杂爆炒至断生，捞出控油。

6.2.2 锅内放入底油50 mL烧热；加入干辣椒段、花椒、姜片、蒜瓣爆香，加陈皮块、鲜山柰段、锤油籽细粒炒香，投入爆炒好的羊肉、羊杂，掺入羊瘪汁，加盐、鸡精炒至入味增香并收干水分，下入芹菜段翻炒均匀，起锅装入垫有白萝卜丝的火锅内，撒上香菜，带火上桌。

7 盛装

7.1 盛装器皿

火锅或锅仔。

7.2 盛装方法

装入火锅或锅仔，带火上桌。

8 感官要求

8.1 色泽

色彩艳丽，肉杂分明。

8.2 香味

瘪香味浓，肉杂无腥。

8.3 口味

微苦回甘，增进食欲。

8.4 质感

绵韧脆嫩，民族风味。

9 最佳食用时间与温度

菜肴出锅装火锅后，食用时间以不超过10 min为宜，食用温度以57 ~ 75 ℃为宜。

贵州省文化和旅游厅《黔菜标准体系》编制成果

职业教育烹饪专业教材　黔菜全民教育黔菜标准版

黔菜标准

第2辑　时尚黔菜/新派黔菜

主　编　吴茂钊　刘黔勋　杨　波

重庆大学出版社

内容提要

贵州省文化和旅游厅《黔菜标准体系》编制成果《黔菜标准》1—3辑，汇编了黔菜基础（4个）/传统黔菜（18个）、时尚黔菜（10个）/新派黔菜（8个）、贵州小吃（17个），五大类共计57个团体标准，其中4个基础标准对黔菜概念和分类进行系统性概述，并定义黔菜术语、英译规范和服务规范；53个烹饪技术规范对黔菜代表菜品的原料、制作工艺、感官要求、最佳食用时间等方面提供了标准。本书是行业企业黔菜标准蓝本，作为职业教育烹饪专业教材，以教育起点全面推广黔菜，同时纳入黔菜全民教育黔菜标准版教材，完善和引领黔菜高质量发展。本书可作为中职中餐烹饪专业、高职专科烹饪工艺与营养、高职本科烹饪与餐饮管理、大学本科烹饪与营养教育专业教材，烹饪类专业社区教育、职业培训教材，也可作为中职、高职专科、高职本科和大学本科旅游、酒店类饮食文化和菜点知识辅助教材，同时作为学校营养餐、家庭营养餐、社会餐饮从业人员、研究人员和旅游者的参考书。

图书在版编目（CIP）数据

黔菜标准. 第2辑，时尚黔菜/新派黔菜 / 吴茂钊，刘黔勋，杨波主编. -- 重庆：重庆大学出版社，2023.6

ISBN 978-7-5689-3404-6

Ⅰ. ①黔… Ⅱ. ①吴…②刘…③杨… Ⅲ. ①菜谱—贵州—高等职业教育—教材 Ⅳ. ①TS972.182.73

中国版本图书馆CIP数据核字（2022）第112732号

职业教育烹饪专业教材
黔菜全民教育黔菜标准版
黔菜标准
第2辑　时尚黔菜/新派黔菜
主　编　吴茂钊　刘黔勋　杨　波
策划编辑：沈　静
责任编辑：夏　宇　　版式设计：博卷文化
责任校对：邹　忌　　责任印制：张　策
*
重庆大学出版社出版发行
出版人：饶帮华
社址：重庆市沙坪坝区大学城西路21号
邮编：401331
电话：（023）88617190　88617185（中小学）
传真：（023）88617186　88617166
网址：http：//www.cqup.com.cn
邮箱：fxk@cqup.com.cn（营销中心）
全国新华书店经销
重庆长虹印务有限公司印刷
*
开本：889mm×1194mm　1/32　印张：4.75　字数：129千
2023年6月第1版　2023年6月第1次印刷
印数：1—3 000
ISBN 978-7-5689-3404-6　定价：99.00元（全3册）

《黔菜标准》编委会

主　　编： 吴茂钊　刘黔勋　杨　波

副 主 编： 夏　雪　王　涛　胡文杜　张智勇　黄永国　秦立学　洪　钢

编　　委：（按姓氏笔画排序）

丁　振　万青松　马明康　王　祥　王文军　王利君　王德璨
龙会水　叶春江　冉雪梅　付立刚　冯其龙　冯建平　邬忠芬
刘宏波　刘畑吕　刘海风　孙武山　孙俊革　李永峰　李兴文
李昌伶　杨欢欢　杨绍宇　吴泽汶　吴笃琴　吴文初　何　花
宋伟奇　张建强　张荣彪　陆文广　陈　江　陈　英　陈克芬
范佳雪　林茂永　罗洪士　周　俊　郑开春　郑火军　胡　林
胡承林　夏　飞　俸千惠　徐启运　高小书　郭茂江　唐　静
涂高潮　黄长青　黄进松　梁　伟　梁建勇　雁　飞　舒基霖
曾正海　蒲德坤　雷建琼　蔡林玻　樊筑川　黎　力　魏晓清

主　　撰： 吴茂钊　夏　雪　潘正芝　张智勇　杨　波　潘绪学　胡文杜

标准指导： 徐　楠　杨丽彦　王　晓　杨学杰　肖喜生　黄　涛　任艳玲

学术顾问： 傅迎春　吴　迈　吴天祥　何亚平　常　明　欧　洁　庞学松

技术顾问： 古德明　刘公瑾　郝黔修　谢德弟　郭恩源　龙凯江　娄孝东

英文翻译： 夏　雪

图片摄影： 潘绪学　朵　朵　金剑波　美素风尚工作室

风景供稿： 贵州省文化和旅游厅

编　　排： 李翌婼　杨　娟　李支群　宋艳艳　周英波　任玉霞

《黔菜标准》组织机构

提出单位：

贵州省文化和旅游厅

贵州省商务厅

归口单位：

贵州旅游协会

起草单位：

贵州轻工职业技术学院

联合起草单位：

贵州轻工职业技术学院黔菜发展协同创新中心

贵州大学后勤管理处饮食服务中心

绥阳县黔厨职业技术学校

国家级秦立学技能大师工作室

贵州省吴茂钊技能大师工作室

贵州省张智勇技能大师工作室

省级·市级钱鹰名师工作室

省级孙俊革劳模工作室

黔西南州商务局

三穗鸭产业发展领导小组办公室

黔西南州饭店餐饮协会

遵义市红花岗区烹饪协会

贵州酒店集团有限公司·贵州饭店有限公司

贵州雅园饮食集团·新大新豆米火锅（连锁）·雷家豆腐圆子（连锁）

贵州亮欢寨餐饮娱乐管理有限公司（连锁）

贵州龙海洋皇宫餐饮有限公司·黔味源

贵州黔厨实业（集团）有限公司

贵州盗汗鸡实业有限公司

贵阳仟纳饮食文化有限公司・仟纳贵州宴（连锁）
贵阳四合院饮食有限公司・家香（连锁）
贵州怪噜范餐饮管理有限公司（连锁）
贵阳大掌柜辣子鸡黔味坊餐饮
遵义市冯家豆花面馆（连锁）
闵四遵义羊肉粉馆（连锁）
息烽县叶老大阳朗辣子鸡有限公司（连锁）
贵州胖四娘食品有限公司
贵州吴宫保酒店管理有限公司
红花岗区蕺品黔味盬子鸡馆
贵州夏九九餐饮有限公司・九九兴义羊肉粉馆（连锁）
黔西南晓湘湘餐饮服务有限公司
兴义市老杠子面坊餐饮连锁发展有限公司
兴仁县黔回味张荣彪清真馆
晴隆县郑开春餐饮服务有限责任公司・豆豉辣子鸡
贵州鼎品智库餐饮管理有限公司
贵州圭鑫酒店管理有限公司
贵阳大掌柜牛肉粉（连锁）
贵州黔北娄山黄焖鸡餐饮文化发展有限公司
遵义张安居餐饮服务有限公司
贵州君怡餐饮管理服务有限公司
兴义市追味餐饮服务有限公司（连锁）
贵州刘半天餐饮管理有限公司
三穗县翼宇鸭业有限公司
三穗县美丫丫火锅店
三穗县食为天三穗鸭餐厅

目　录

ICS 67.020
CCS H 62

T/QLY

团　　体　　标　　准

T/QLY 031—2021

时尚黔菜
山菌肉饼鸡烹饪技术规范

Guizhou Cuisine in Vogue: Standard for Cuisine Craftsmanship of Chicken Stewed with Mountain Mushroom and Meat Pie

2021-09-28发布　　2021-10-01实施

贵州旅游协会　发布

目 次

前　言

本文件按照GB/T 1.1—2020《标准化工作导则　第1部分：标准化文件的结构和起草规则》的规定起草。

本文件由贵州省文化和旅游厅、贵州省商务厅提出。

本文件由贵州旅游协会归口。

本文件起草单位：贵州轻工职业技术学院、贵阳仟纳饮食文化有限公司·仟纳贵州宴（连锁）、贵州大学后勤管理处饮食服务中心、贵州鼎品智库餐饮管理有限公司、贵州雅园饮食集团、贵州龙海洋皇宫餐饮有限公司·黔味源、贵州亮欢寨餐饮娱乐管理有限公司、贵阳四合院饮食有限公司·家香（连锁）、绥阳县黔厨职业技术学校、贵州黔厨实业（集团）有限公司、贵州盗汗鸡餐饮策划管理有限公司、贵州圭鑫酒店管理有限公司、黔西南州饭店餐饮协会、遵义市红花岗区烹饪协会、兴义市追味餐饮服务有限公司、贵州省吴茂钊技能大师工作室、贵州省张智勇技能大师工作室、省级·市级钱鹰名师工作室。

本文件主要起草人：吴茂钊、吴泽汶、倖千惠、胡林、刘公瑾、洪钢、王涛、任艳玲、刘黔勋、杨波、胡文柱、徐楠、杨丽彦、黄涛、杨学杰、吴文初、杨欢欢、肖喜生、李翌婼、夏雪、潘正芝、范佳雪、欧洁、钱鹰、古德明、黄永国、张智勇、张乃恒、张建强、龙凯江、娄孝东、潘绪学、高小书、梁伟、孙武山、陈克芬、何花、邓一、樊嘉、王德璨、徐启运、吴笃琴、黎力、李兴文、罗洪士、樊筑川、雁飞、宋伟奇、杨娟、任玉霞。

引　言

0.1　菜点源流

位列贵州农村产业革命十二大产业第二位的食用菌，是林下经济的典型与发展趋势，与同为农业特色优势产业的家禽和畜肉结合，产生了很多地道黔味菜。流行于世的山菌肉饼鸡，鲜香醇浓，清雅飘香。

0.2　菜点典型形态示例

山菌肉饼鸡　　（胡林/制作　潘绪学/摄影）

时尚黔菜　山菌肉饼鸡烹饪技术规范

1　范围

本文件规定了时尚黔菜山菌肉饼鸡烹饪技术规范的原料及要求、烹饪设备与工具、制作工艺、盛装、感官要求、最佳食用时间与温度。

本文件适用于时尚黔菜山菌肉饼鸡的加工烹制，烹饪教育与培训教材。

2　规范性引用文件

下列文件中的内容通过文中的规范性引用而构成本文件必不可少的条款。其中，注日期的引用文件，仅该日期对应的版本适用于本文件；不注日期的引用文件，其最新版本（包括所有的修改单）适用于本文件。

GB 2721《食品安全国家标准　食用盐》

GB 5749《生活饮用水卫生标准》

GB/T 5835《干制红枣》

GB/T 18672《枸杞》

GB/T 30383《生姜》

NY/T 744《绿色食品　葱蒜类蔬菜》

NY/T 455《胡椒》

NY/T 836《竹荪》

T/QLY 002《黔菜术语与定义》

3 术语和定义

T/QLY 002界定的术语和定义适用于本文件。

4 原料及要求

4.1 主配料

4.1.1 放养土鸡1只（1 500 g）。

4.1.2 鲜猪肉400 g。

4.1.3 地星宿30 g。

4.1.4 鲜竹荪100 g，应符合NY/T 836的规定。

4.1.5 黄丝菌50 g。

4.1.6 虫草花50 g。

4.1.7 姬松茸100 g。

4.1.8 刷把菌200 g。

4.1.9 红枣5颗，应符合GB/T 5835的规定。

4.2 调味料

4.2.1 盐6 g，应符合GB 2721的规定。

4.2.2 胡椒粉2 g，应符合NY/T 455的规定。

4.2.3 枸杞粉3 g，应符合GB/T 18672的规定。

4.2.4 党参粉3 g。

4.3 料头

4.3.1 姜块25 g，应符合GB/T 30383的规定。

4.3.2 香葱15 g，应符合NY/T 744的规定。

4.4 加工用水

应符合GB 5749的规定。

5 烹饪设备与工具

5.1 设备

汤锅及配套设备。

5.2 工具

菜墩、刀具等。

6 制作工艺

6.1 初加工

6.1.1 土鸡宰杀治净，斩成块状，放入沸水锅中汆水，捞出冲净。

6.1.2 鲜猪肉剁成肉末，加枸杞粉、党参粉、盐、胡椒粉搅打成韧劲，用手团成肉饼，上蒸锅内蒸5 min定型。

6.1.3 鲜竹荪、黄丝菌、虫草花、姬松茸、刷把菌择洗，浸入清水中，用手顺时针搅拌去渣去泥，清洗干净。

6.1.4 香葱、地星宿分别洗净，挽成结。

6.2 加工

6.2.1 鸡块投入汤锅中，注入纯净水3 000 mL烧沸，撇去浮沫，加姜块，改用小火炖至鸡肉熟透。

6.2.2 把炖好的鸡块连原汤装入火锅或砂锅，调入盐；放鲜竹荪、黄丝菌、虫草花、姬松茸、刷把菌，码蒸好的肉饼，撒入红枣、香葱结、地星宿结，带火上桌，煮15 min。

7 盛装

7.1 盛装器皿

火锅或砂锅。

7.2 盛装方法

码装。

8 感官要求

8.1 色泽

汤汁油亮，黄褐清爽。

8.2 香味

鸡香菌香，肉饼脂香。

8.3 口味

咸鲜味美，汤鲜无比。

8.4 质感

质地细嫩，松软爽滑。

9 最佳食用时间与温度

菜肴出锅装入盛器后，食用时间以不超过60 min为宜，食用温度以57 ~75 ℃为宜。

ICS 67.020
CCS H 62

T/QLY

团　体　标　准

T/QLY 032—2021

时尚黔菜
酸菜炖牛腩烹饪技术规范

Guizhou Cuisine in Vogue: Standard for Cuisine Craftsmanship of Simmered Sirloin with Chinese Suancai（Pickled Vegetables）

2021-09-28发布　　2021-10-01实施

贵州旅游协会　发布

目 次

前　言

本文件按照GB/T 1.1—2020《标准化工作导则　第1部分：标准化文件的结构和起草规则》的规定起草。

本文件由贵州省文化和旅游厅、贵州省商务厅提出。

本文件由贵州旅游协会归口。

本文件起草单位：贵州轻工职业技术学院、贵州龙海洋皇宫餐饮有限公司·黔味源、贵州大学后勤管理处饮食服务中心、贵州鼎品智库餐饮管理有限公司、贵州雅园饮食集团、贵阳四合院饮食有限公司·家香（连锁）、贵州亮欢寨餐饮娱乐管理有限公司（连锁）、贵阳仟纳饮食文化有限公司·仟纳贵州宴（连锁）、贵州黔厨实业（集团）有限公司、贵州圭鑫酒店管理有限公司、绥阳县黔厨职业技术学校、黔西南州饭店餐饮协会、贵州盗汗鸡餐饮策划管理有限公司、兴义市追味餐饮服务有限公司、国家级秦立学技能大师工作室、贵州省吴茂钊技能大师工作室、贵州省张智勇技能大师工作室、省级·市级钱鹰名师工作室。

本文件主要起草人：吴茂钊、樊筑川、雁飞、宋伟奇、刘黔勋、杨波、洪钢、胡文柱、徐楠、杨丽彦、黄涛、杨学杰、吴文初、杨欢欢、肖喜生、王涛、任艳玲、李翌婼、夏雪、潘正芝、范佳雪、钱鹰、张智勇、张乃恒、张建强、龙凯江、娄孝东、潘绪学、高小书、王利君、梁伟、孙武山、杨绍宇、欧洁、陈克芬、何花、邓一、樊嘉、吴泽汶、俸千惠、胡林、王德璨、徐启运、吴笃琴、黎力、李兴文、罗洪士、杨娟、任玉霞。

引　言

0.1　菜点源流

贵州养殖肉牛历史悠久，有关岭黄牛、思南黄牛、黎平黄牛、威宁黄牛和务川黑牛等优质地方品种，贵州人从早餐牛肉粉开始，烹制出众多牛肉菜品。清炖后用无盐酸菜同煮，鲜醇回酸，酥而不烂，雅淡不腻。

0.2　菜点典型形态示例

酸菜炖牛腩　　（宋伟奇/制作　潘绪学/摄影）

时尚黔菜　酸菜炖牛腩烹饪技术规范

1　范围

本文件规定了时尚黔菜酸菜炖牛腩烹饪技术规范的原料及要求、烹饪设备与工具、制作工艺、盛装、感官要求、最佳食用时间与温度。

本文件适用于时尚黔菜酸菜炖牛腩的加工烹制，烹饪教育与培训教材。

2　规范性引用文件

下列文件中的内容通过文中的规范性引用而构成本文件必不可少的条款。其中，注日期的引用文件，仅该日期对应的版本适用于本文件；不注日期的引用文件，其最新版本（包括所有的修改单）适用于本文件。

GB 2721《食品安全国家标准　食用盐》

GB 5749《生活饮用水卫生标准》

GB/T 7652《八角》

GB/T 18186《酿造酱油》

GB/T 30383《生姜》

GB/T 30381《桂皮》

GB/T 30391《花椒》

GB/T 35885《红糖》

NY/T 744《绿色食品　葱蒜类蔬菜》

GH/T 1194《大蒜》

SB/T 10416《调味料酒》

DBS 52/011《食品安全地方标准　贵州辣椒面》

DB52/T 543《地理标志产品　连环砂仁》

T/QLY 002《黔菜术语与定义》

3　术语和定义

T/QLY 002界定的术语和定义适用于本文件。

4　原料及要求

4.1　主配料

4.1.1　牛腩600 g。

4.1.2　酸菜300 g。

4.2　调味料

4.2.1　盐6 g，应符合GB 2721的规定。

4.2.2　红糖3 g，应符合GB/T 35885的规定。

4.2.3　煳辣椒40 g，应符合DBS 52/011的规定。

4.2.4　八角3 g，应符合GB/T 7652的规定。

4.2.5　草果1颗。

4.2.6　香叶6 g。

4.2.7　砂仁5 g，应符合DB52/T 543的规定。

4.2.8　白蔻4 g。

4.2.9　甘草8 g。

4.2.10　桂皮3 g，应符合GB/T 30381的规定。

4.2.11　小茴香6 g。

4.2.12　花椒3 g，应符合GB/T 30391的规定。

4.2.13　酱油10 mL，应符合GB/T 18186的规定。

4.2.14　料酒30 mL，应符合SB/T 10416的规定。

4.2.15　牛油100 mL。

4.2.16　白酒10 mL。

4.2.17　纯净水6 L。

4.3　料头

4.3.1　姜块30 g，应GB/T 30383的规定。

4.3.2　香葱结25 g，应符合NY/T 744的规定。

4.3.3　香菜20 g。

4.3.4　蒜米5 g，应符合GH/T 1194的规定。

4.3.5　葱花2 g，应符合NY/T 744的规定。

4.4　加工用水

应符合GB 5749的规定。

5　烹饪设备与工具

5.1　设备

炒锅、砂锅及配套设备。

5.2　工具

菜墩、刀具等。

6　制作工艺

6.1　初加工

6.1.1　牛腩切成4 cm的块状。

6.1.2　选用无沙质、无沙泥的原味酸菜，切成3 cm见方的块。

6.1.3　草果去籽，同八角、香叶、砂仁、白蔻、桂皮、小茴香、甘草、花椒混合，加少许白酒搅拌浸渍15 min，使之挥发出香味，装入纱布制成香料包。

6.2　加工

6.2.1　牛腩投入沸水锅中，加料酒焯水，捞出冲净，控水。

6.2.2　取一个小碗放煳辣椒、蒜米、盐、酱油、葱花兑成煳辣椒蘸水。

6.2.3 炒锅置旺火上，放入牛油烧热；姜块爆香，下入酸菜段煸炒出香味，掺入纯净水，投入牛腩烧沸后，倒入砂锅内，放入香料包、香葱结，调入盐、红糖，用小火慢炖至熟软，撒入香菜，带火上桌，带煳辣椒蘸水。

7 盛装

7.1 盛装器皿

砂锅。

7.2 盛装方法

倒入，带火，带辣椒蘸水上桌。

8 感官要求

8.1 色泽

色泽金黄，汤汁清亮。

8.2 香味

香醇浓郁，肉香扑鼻。

8.3 口味

咸鲜汤鲜，微酸煳辣。

8.4 质感

雅淡不腻，回味悠长。

9 最佳食用时间与温度

菜肴出锅装盘后，食用时间以不超过20 min为宜，食用温度以47 ~ 75 ℃为宜。

ICS 67.020
CCS H 62

T/QLY

团　　体　　标　　准

T/QLY 033—2021

时尚黔菜
青椒油底肉烹饪技术规范

Guizhou Cuisine in Vogue: Standard for Cuisine Craftsmanship of Stir-frying Preserved Sliced Fried Pork from Oil with Green Pepper

2021-09-28发布　　2021-10-01实施

贵州旅游协会　发布

目 次

前　言

本文件按照GB/T 1.1—2020《标准化工作导则　第1部分：标准化文件的结构和起草规则》的规定起草。

本文件由贵州省文化和旅游厅、贵州省商务厅提出。

本文件由贵州旅游协会归口。

本文件起草单位：贵州轻工职业技术学院、贵州黔厨实业（集团）有限公司、绥阳县黔厨职业技术学校、贵州黔厨餐饮服务有限公司、贵州黔厨食品有限公司、汇川区虹军食府·红军食堂、遵义市红花岗区烹饪协会、遵义市红花岗区蕺品黔味盬子鸡馆、遵义张安居餐饮服务有限公司、贵州大学后勤管理处饮食服务中心、贵州大学后勤管理处饮食服务中心、贵州鼎品智库餐饮管理有限公司、贵州雅园饮食集团、贵阳四合院饮食文化有限公司·家香（连锁）、贵阳仟纳饮食文化有限公司·仟纳贵州宴（连锁）、贵州龙海洋皇宫餐饮有限公司·黔味源、贵州亮欢寨餐饮娱乐管理有限公司（连锁）、贵州圭鑫酒店管理有限公司、贵州盗汗鸡餐饮策划管理有限公司、兴义市追味餐饮服务有限公司、国家级秦立学技能大师工作室、贵州省吴茂钊技能大师工作室、贵州省张智勇技能大师工作室、省级·市级钱鹰名师工作室。

本文件主要起草人：吴茂钊、黄永国、陈江、黄进松、林茂永、刘畑吕、马明康、罗福宇、杨帆、万青松、刘黔勋、杨波、洪钢、胡文柱、徐楠、杨丽彦、黄涛、杨学杰、吴文初、杨欢欢、肖喜生、王涛、任艳玲、李翌婼、夏雪、潘正芝、范佳雪、欧洁、古德明、张乃恒、张建强、张智勇、秦立学、钱鹰、龙凯江、娄孝东、潘绪学、高小书、王利君、梁伟、孙武山、郭茂江、陈克芬、何花、邓一、樊嘉、王德璨、徐启运、吴笃琴、黎力、李兴文、罗洪士、吴泽汶、俸千惠、胡林、樊筑川、雁飞、宋伟奇、黄长青、陈英、叶春江、郑开春、杨娟、任玉霞。

引　言

0.1　菜点源流

油底肉系贵州民间传统储藏肉品方法之一，也是流行于民间的风味食品。将大块肉腌制，油炸后，与猪油一同装坛浸泡封存，凝固状态下渗透回软后即可，食用完油时取用，当地人称油底肉。在没有冰箱储藏的年代，能有效防止猪肉腐烂变质。如今采用菜籽油炸后浸泡，随用随取，可用鲜青椒炒制成菜。其肉鲜醇厚，清香淡雅，肥而不腻，软而不绵，色香味俱全。

0.2　菜点典型形态示例

青椒油底肉　（林茂永、万青松/制作　潘绪学/摄影）

时尚黔菜 青椒油底肉烹饪技术规范

1 范围

本文件规定了时尚黔菜青椒油底肉烹饪技术规范的原料及要求、烹饪设备与工具、制作工艺、盛装、感官要求、最佳食用时间与温度。

本文件适用于时尚黔菜青椒油底肉的加工烹制，烹饪教育与培训教材。

2 规范性引用文件

下列文件中的内容通过文中的规范性引用而构成本文件必不可少的条款。其中，注日期的引用文件，仅该日期对应的版本适用于本文件；不注日期的引用文件，其最新版本（包括所有的修改单）适用于本文件。

GB 2721《食品安全国家标准 食用盐》

GB 5749《生活饮用水卫生标准》

GB/T 30383《生姜》

NY/T 744《绿色食品 葱蒜类蔬菜》

T/QLY 002《黔菜术语与定义》

3 术语和定义

T/QLY 002界定的术语和定义适用于本文件。

4　原料及要求

4.1　主配料

4.1.1　油底肉200 g。

4.1.2　青椒200 g。

4.2　调味料

盐1 g，应符合GB 2721的规定。

4.3　料头

4.3.1　姜片3 g，应符合GB/T 30383的规定

4.3.2　蒜瓣10 g，应符合NY/T 744的规定。

4.4　加工用水

应符合GB 5749的规定。

5　烹饪设备与工具

5.1　设备

炒锅及配套设备。

5.2　工具

菜墩、刀具等。

6　制作工艺

6.1　初加工

6.1.1　油底肉投入热油锅中翻滚烫，去掉表面的油，捞出冷却，切成0.5 cm厚的肉片。

6.1.2　青椒洗净，滚刀法切成块。

6.1.3　蒜瓣去皮，洗净后拍破。

6.2　加工

炒锅置旺火上，放入油30 mL烧热；下入姜片、蒜瓣炒香，加入青椒、盐煸炒出香味，投入肉片翻炒1 min，亮油。

7 盛装

7.1 盛装器皿

圆形浅窝盘或平盘。

7.2 盛装方法

炒香熟透，起锅装入盘内。

8 感官要求

8.1 色泽

清爽悦目，色艳诱人。

8.2 香味

清香甘醇，肉鲜飘香。

8.3 口味

肉质鲜美，咸鲜微辣。

8.4 质感

肉软细嫩，细腻化渣。

9 最佳食用时间与温度

菜肴出锅装盘后，食用时间以不超过10 min为宜，食用温度以47～57 ℃为宜。

ICS 67.020
CCS H 62

T/QLY

团　体　标　准

T/QLY 034—2021

时尚黔菜
糟辣肉酱烹饪技术规范

Guizhou Cuisine in Vogue: Standard for Cuisine Craftsmanship of Meat Sauce with Salt-pickled Fresh Chillies

2021-09-28发布　　2021-10-01实施

贵州旅游协会　发布

目 次

前　言

本文件按照GB/T 1.1—2020《标准化工作导则　第1部分：标准化文件的结构和起草规则》的规定起草。

本文件由贵州省文化和旅游厅、贵州省商务厅提出。

本文件由贵州旅游协会归口。

本文件起草单位：贵州轻工职业技术学院、遵义张安居餐饮服务有限公司、遵义市红花岗区烹饪协会、贵州大学后勤管理处饮食服务中心、贵州鼎品智库餐饮管理有限公司、贵州雅园饮食集团、贵州黔厨实业（集团）有限公司、绥阳县黔厨职业技术学校、贵阳四合院饮食文化有限公司·家香（连锁）、贵阳仟纳饮食文化有限公司·仟纳贵州宴（连锁）、贵州龙海洋皇宫餐饮有限公司·黔味源、贵州亮欢寨餐饮娱乐管理有限公司（连锁）、贵州圭鑫酒店管理有限公司、贵州盗汗鸡餐饮策划管理有限公司、兴义市追味餐饮服务有限公司、国家级秦立学技能大师工作室、贵州省吴茂钊技能大师工作室、贵州省张智勇技能大师工作室、省级·市级钱鹰名师工作室。

本文件主要起草人：吴茂钊、张建强、刘黔勋、杨波、洪钢、胡文柱、徐楠、杨丽彦、黄涛、杨学杰、吴文初、杨欢欢、肖喜生、王涛、任艳玲、李翌婼、夏雪、潘正芝、范佳雪、欧洁、古德明、张乃恒、张建强、张智勇、秦立学、钱鹰、龙凯江、娄孝东、潘绪学、高小书、王利君、梁伟、孙武山、郭茂江、陈克芬、何花、邓一、樊嘉、王德璨、徐启运、吴笃琴、黎力、李兴文、罗洪士、吴泽汶、俸千惠、胡林、樊筑川、雁飞、宋伟奇、黄长青、陈英、叶春江、郑开春、杨娟、任玉霞。

引 言

0.1 菜点源流

好吃不过酱泡饭，最具贵州特色的糟辣椒与精瘦肉炒制成酱料，用于拌饭、拌面，色艳诱人，酸鲜爽口，微辣不燥，便于存储。近年来，通过线上渠道推出的糟辣肉酱吸引着国内外的好吃嘴，每年两次预售轻松上万套，带上自热包的鲜面或米饭方便食品，是黔菜出山的又一通道。

0.2 菜点典型形态示例

糟辣肉酱　（张建强/制作　潘绪学/摄影）

时尚黔菜　糟辣肉酱烹饪技术规范

1　范围

本文件规定了时尚黔菜糟辣肉酱烹饪技术规范的原料及要求、烹饪设备与工具、制作工艺、盛装、感官要求、最佳食用时间与温度。

本文件适用于时尚黔菜糟辣肉酱的加工烹制，烹饪教育与培训教材。

2　规范性引用文件

下列文件中的内容通过文中的规范性引用而构成本文件必不可少的条款。其中，注日期的引用文件，仅该日期对应的版本适用于本文件；不注日期的引用文件，其最新版本（包括所有的修改单）适用于本文件。

GB/T 1445《绵白糖》

GB 2720《食品安全国家标准　味精》

GB 2721《食品安全国家标准　食用盐》

GB 5749《生活饮用水卫生标准》

GB/T 30383《生姜》

NY/T 744《绿色食品　葱蒜类蔬菜》

SB/T 10416《调味料酒》

T/QLY 002《黔菜术语与定义》

3 术语和定义

T/QLY 002界定的术语和定义适用于本文件。

4 原料及要求

4.1 主配料

猪前夹肉150 g。

4.2 调味料

4.2.1 糟辣椒300 g。

4.2.2 盐1 g，应符合GB 2721的规定。

4.2.3 味精3 g，应符合GB 2720的规定。

4.2.4 白糖5 g，应符合GB/T 1445的规定。

4.2.5 料酒10 mL，应符合SB/T 10416的规定。

4.3 料头

4.3.1 姜米3 g，应符合GB/T 30383的规定。

4.3.2 蒜米5 g，应符合NY/T 744的规定。

4.4 加工用水

应符合GB 5749的规定。

5 烹饪设备与工具

5.1 设备

炒锅及配套设备。

5.2 工具

菜墩、刀具等。

6 制作工艺

6.1 初加工

猪前夹肉洗净，剁成细粒状。

6.2　加工

炒锅置旺火上，炙锅，放入油250 mL，烧至五成热；下入肉末快速煸炒至散籽透心；烹入料酒，加盐炒香至水分收干，加姜米、蒜米，糟辣椒炒出香味，加白糖、味精炒匀。

7　盛装

7.1　盛装器皿

圆形浅窝盘或玻璃瓶。

7.2　盛装方法

倒入或罐装。

8　感官要求

8.1　色泽

亮红亮油，颜色鲜艳。

8.2　香味

糟香浓郁，回味悠长。

8.3　口味

酸辣略咸，肉酱味美。

8.4　质感

质地酥香，佐饭佳品。

9　最佳食用时间与温度

菜肴出锅装盘后，食用时间以不超过15 min为宜，食用温度以47 ~ 57 ℃为宜。

ICS 67.020
CCS H 62

T/QLY

团 体 标 准

T/QLY 035—2021

时尚黔菜
黔城凤尾虾烹饪技术规范

Guizhou Cuisine in Vogue: Standard for Cuisine Craftsmanship of Qian (Guizhou) Phoenix-tailed Prawn

2021-11-19发布 2021-11-22实施

贵州旅游协会 发布

目 次

前　言

本文件按照GB/T 1.1—2020《标准化工作导则　第1部分：标准化文件的结构和起草规则》的规定起草。

本文件由贵州省文化和旅游厅、贵州省商务厅提出。

本文件由贵州旅游协会归口。

本文件起草单位：贵州轻工职业技术学院、贵州酒店集团有限公司·贵州饭店有限公司、国家级·省级秦立学技能大师工作室、省级孙俊革劳模工作室、贵州大学后勤管理处饮食服务中心、贵州鼎品智库餐饮管理有限公司、贵州雅园饮食集团、贵州龙海洋皇宫餐饮有限公司·黔味源、贵阳仟纳饮食文化有限公司·仟纳贵州宴（连锁）、贵州亮欢寨餐饮娱乐管理有限公司（连锁）、贵阳四合院饮食有限公司·家香（连锁）、贵州黔厨实业（集团）有限公司、绥阳县黔厨职业技术学校、贵州圭鑫酒店管理有限公司、黔西南州饭店餐饮协会、贵州盗汗鸡餐饮策划管理有限公司、兴义市追味餐饮服务有限公司、贵州省吴茂钊技能大师工作室、贵州省张智勇技能大师工作室、省级·市级钱鹰名师工作室。

本文件主要起草人：吴茂钊、胡文柱、刘黔勋、杨波、秦立学、孙俊革、付立刚、李永峰、梁建勇、丁振、洪钢、徐楠、杨丽彦、黄涛、肖喜生、王涛、任艳玲、李翌婼、夏雪、潘正芝、钱鹰、张智勇、张乃恒、张建强、龙凯江、娄孝东、潘绪学、高小书、王利君、梁伟、孙武山、郭茂江、欧洁、陈克芬、何花、邓一、樊嘉、吴泽汶、俸千惠、胡林、王德璨、徐启运、樊筑川、雁飞、宋伟奇、吴笃琴、黎力、李兴文、罗洪士、杨娟、李支群、任玉霞。

引 言

0.1 菜点源流

贵州饭店早期为中外合资企业，为适应改革开放和西部大开发市场需求，本地厨师选用贵州特色阴米（成片则为米花）作为黏着物，烹制成港黔风味海虾，形成时尚风味延续至今，虾香清幽，质地脆嫩，形似凤尾。

0.2 菜点典型形态示例

黔城凤尾虾 （付立刚/制作 潘绪学/摄影）

时尚黔菜　黔城凤尾虾烹饪技术规范

1　范围

本文件规定了时尚黔菜黔城凤尾虾烹饪技术规范的原料及要求、烹饪设备与工具、制作工艺、盛装、感官要求、最佳食用时间与温度。

本文件适用于时尚黔菜黔城凤尾虾的加工烹制，烹饪教育与培训教材。

2　规范性引用文件

下列文件中的内容通过文中的规范性引用而构成本文件必不可少的条款。其中，注日期的引用文件，仅该日期对应的版本适用于本文件；不注日期的引用文件，其最新版本（包括所有的修改单）适用于本文件。

GB 2721《食品安全国家标准　食用盐》

GB 5749《生活饮用水卫生标准》

GB/T 30383《生姜》

GH/T 1194《大蒜》

SB/T 10416《调味料酒》

T/QLY 002《黔菜术语与定义》

3　术语和定义

T/QLY 002界定的术语和定义适用于本文件。

4 原料及要求

4.1 主配料

4.1.1 基围虾300 g。

4.1.2 阴米80 g。

4.1.3 青椒20 g。

4.1.4 红椒20 g。

4.2 调味料

4.2.1 椒盐2 g，应符合GB 2721的规定。

4.2.2 面粉20 g。

4.2.3 料酒10 mL，应符合SB/T 10416的规定。

4.3 料头

4.3.1 蒜米50 g，应符合GH/T 1194的要求。

4.3.2 姜片5 g，应符合GB/T 30383的规定。

4.3.3 香葱段8 g。

4.4 加工用水

应符合GB 5749的规定。

5 烹饪设备与工具

5.1 设备

炒锅及配套设备。

5.2 工具

菜墩、刀具等。

6 制作工艺

6.1 初加工

6.1.1 鲜活基围虾用刀在虾背上开一刀，刀口要穿透，去虾线，冲净，控水；放入盆中加料酒、姜片、香葱段腌制8 min。

6.1.2　蒜米用清水冲去蒜味，控水；用干净的毛巾吸干水分；入六成热的油锅中用小火炸至金黄色，控油；晾凉制成蒜香脆，备用。

6.1.3　青椒、红椒分别洗净，去蒂去籽，切成碎粒状。

6.2　加工

6.2.1　油锅烧至七成热，将腌渍好的虾逐只拍上均匀的面粉和阴米，投入油中炸至橙红色，捞出控油。

6.2.2　锅内留底油，爆香青红椒碎粒，投入炸好的虾，撒入椒盐，炒匀，放入蒜香脆翻炒均匀。

7　盛装

7.1　盛装器皿

圆形平盘。

7.2　盛装方法

堆码。

8　感官要求

8.1　色泽

色泽金黄，虾色橙红。

8.2　香味

蒜香浓郁，虾香清幽。

8.3　口味

椒盐爽口，层次分明。

8.4　质感

质地脆嫩，形似凤尾。

9　最佳食用时间与温度

菜肴出锅装盘后，食用时间以不超过10 min为宜，食用温度以47～57 ℃为宜。

ICS 67.020
CCS H 62

T/QLY

团　体　标　准

T/QLY 036—2021

时尚黔菜
香焖大黄鱼烹饪技术规范

Guizhou Cuisine in Vogue: Standard for Cuisine Craftsmanship of Braised Frgrant Large Yellow Croaker

2021-11-19发布　　2021-11-22实施

贵州旅游协会　发布

目 次

前　言

本文件按照GB/T 1.1—2020《标准化工作导则　第1部分：标准化文件的结构和起草规则》的规定起草。

本文件由贵州省文化和旅游厅、贵州省商务厅提出。

本文件由贵州旅游协会归口。

本文件起草单位：贵州轻工职业技术学院、贵州龙海洋皇宫餐饮有限公司·黔味源、贵州大学后勤管理处饮食服务中心、贵州鼎品智库餐饮管理有限公司、贵州雅园饮食集团、贵阳四合院饮食有限公司·家香（连锁）、贵州亮欢寨餐饮娱乐管理有限公司（连锁）、贵阳仟纳饮食文化有限公司·仟纳贵州宴（连锁）、贵州黔厨实业（集团）有限公司、贵州圭鑫酒店管理有限公司、绥阳县黔厨职业技术学校、黔西南州饭店餐饮协会、贵州盗汗鸡餐饮策划管理有限公司、兴义市追味餐饮服务有限公司、国家级秦立学技能大师工作室、贵州省吴茂钊技能大师工作室、贵州省张智勇技能大师工作室、省级·市级钱鹰名师工作室。

本文件主要起草人：吴茂钊、樊筑川、雁飞、宋伟奇、刘黔勋、杨波、洪钢、胡文柱、徐楠、杨丽彦、黄涛、肖喜生、王涛、任艳玲、李翌婼、夏雪、潘正芝、钱鹰、张智勇、张乃恒、张建强、龙凯江、娄孝东、潘绪学、高小书、王利君、梁伟、孙武山、杨绍宇、欧洁、陈克芬、何花、邓一、樊嘉、吴泽汶、俸千惠、胡林、王德璨、徐启运、吴笃琴、黎力、李兴文、罗洪士、杨娟、李支群、任玉霞。

引　言

0.1　菜点源流

知名高端粤菜餐饮企业贵州龙转型黔味缘酒楼生活在贵阳多年的粤菜师傅，结合黔菜风味，融合海鲜烹制技法，烹制出香焖大黄鱼，深受欢迎，成就时尚。色艳丰富、鱼肉鲜香、细嫩爽口。

0.2　菜点典型形态示例

香焖大黄鱼　（宋伟奇/制作　潘绪学/摄影）

时尚黔菜　香焖大黄鱼烹饪技术规范

1　范围

本文件规定了时尚黔菜香焖大黄鱼烹饪技术规范的原料及要求、烹饪设备与工具、制作工艺、盛装、感官要求、最佳食用时间与温度。

本文件适用于时尚黔菜香焖大黄鱼的加工烹制，烹饪教育与培训教材。

2　规范性引用文件

下列文件中的内容通过文中的规范性引用而构成本文件必不可少的条款。其中，注日期的引用文件，仅该日期对应的版本适用于本文件；不注日期的引用文件，其最新版本（包括所有的修改单）适用于本文件。

GB 2721《食品安全国家标准　食用盐》

GB 5749《生活饮用水卫生标准》

GB/T 8233《芝麻油》

GB/T 30383《生姜》

GH/T 1194《大蒜》

NY/T 455《胡椒》

NY/T 744《绿色食品　葱蒜类蔬菜》

SB/T 10416《调味料酒》

T/QLY 002《黔菜术语与定义》

8.3 口味

咸鲜味美，回味悠长。

8.4 质感

细嫩爽口，增加食欲。

9 最佳食用时间与温度

菜肴出锅装盘后，食用时间以不超过10 min为宜，食用温度以57 ~ 75 ℃为宜。

ICS 67.020
CCS H 62

T/QLY

团 体 标 准

T/QLY 037—2021

时尚黔菜
黄焖三穗鸭烹饪技术规范

Guizhou Cuisine in Vogue: Standard for Cuisine Craftsmanship of Braised Sansui Duck

2021-11-19发布 2021-11-22实施

贵州旅游协会 发布

T/QLY 002《黔菜术语与定义》

3 术语和定义

T/QLY 002界定的术语和定义适用于本文件。

4 原料及要求

4.1 主配料

4.1.1 三穗麻鸭1只（1 250 g）。

4.1.2 白萝卜200 g。

4.1.3 青线椒100 g。

4.2 调味料

4.2.1 干辣椒20 g。

4.2.2 花椒10 g，应符合GB/T 30391的要求。

4.2.3 糍粑辣椒80 g。

4.2.4 豆瓣酱15 g。

4.2.5 盐4 g，应符合GB 2721的规定。

4.2.6 鸡精2 g，应符合SB/T 10371的要求。

4.2.7 胡椒粉3 g，应符合NY/T 455的要求。

4.2.8 五香粉5 g。

4.2.9 白糖5 g，应符合GB/T 317的规定。

4.2.10 酱油15 mL，应符合GB/T 18186的规定。

4.2.11 料酒15 mL，应符合SB/T 10416的规定。

4.2.12 鲜汤1 000 mL。

4.3 料头

4.3.1 姜片30 g，应符合GB/T 30383的规定。

4.3.2 蒜瓣50 g，应符合NY/T 744的规定。

4.3.3 香葱15 g，应符合NY/T 744的规定。

4.4　加工用水

应符合GB 5749的规定。

5　烹饪设备与工具

5.1　设备

炒锅及配套设备。

5.2　工具

菜墩、刀具等。

6　制作工艺

6.1　初加工

6.1.1　麻鸭宰杀治净，斩成5 cm大块。

6.1.2　白萝卜洗净，切成一字条。

6.1.3　青线椒洗净，切成3 cm长的段。

6.1.4　香葱洗净，挽成结。

6.2　加工

炒锅置旺火上，放入300 mL油烧热，下入鸭块煸炒，烹入料酒，炒出表面水分收干，捞出。锅内留余油烧热，放入糍粑辣椒炒熟，下豆瓣酱煵香出色，下入干辣椒、花椒炒至香味；投入煸炒好的鸭块，加姜片，翻炒均匀；掺入鲜汤，加盐、白糖、五香粉、酱油，盖上盖，用小火焖至熟软，下入青线椒段、蒜瓣，调入胡椒粉、鸡精，大火翻炒，收汁入味，起锅装入垫有白萝卜条的火锅内，撒上香葱结，带火上桌。

7　盛装

7.1　盛装器皿

火锅或锅仔。

7.2 盛装方法

倒入垫底火锅中，带火上桌。

8 感官要求

8.1 色泽

色泽红亮，青红分明。

8.2 香味

鸭香浓郁，香味四溢。

8.3 口味

鲜香细嫩，辣香回浓。

8.4 质感

软糯粝骨，回味绵长。

9 最佳食用时间与温度

菜肴出锅装火锅后，食用时间以不超过30 min为宜，食用温度以57 ~ 75 ℃为宜。

ICS 67.020
CCS H 62

T/QLY

团　体　标　准

T/QLY 038—2021

时尚黔菜
血浆三穗鸭烹饪技术规范

Guizhou Cuisine in Vogue: Standard for Cuisine Craftsmanship of Blood-sauced Sansui Duck

2021-11-19发布　　2021-11-22实施

贵州旅游协会　发布

目 次

前　言

本文件按照GB/T 1.1—2020《标准化工作导则　第1部分：标准化文件的结构和起草规则》的规定起草。

本文件由贵州省文化和旅游厅、贵州省商务厅提出。

本文件由贵州旅游协会归口。

本文件起草单位：贵州轻工职业技术学院、三穗鸭产业发展领导小组办公室、三穗县美丫丫火锅店、三穗县食为天三穗鸭餐厅、三穗县翼宇鸭业有限公司、贵州大学后勤管理处饮食服务中心、贵州鼎品智库餐饮管理有限公司、贵州雅园饮食集团、贵阳仟纳饮食文化有限公司·仟纳贵州宴（连锁）、贵州龙海洋皇宫餐饮有限公司·黔味源、贵阳四合院饮食有限公司·家香（连锁）、贵州黔厨实业（集团）有限公司、贵州圭鑫酒店管理有限公司、绥阳县黔厨职业技术学校、黔西南州饭店餐饮协会、贵州盗汗鸡餐饮策划管理有限公司、兴义市追味餐饮服务有限公司、国家级秦立学技能大师工作室、贵州省吴茂钊技能大师工作室、贵州省张智勇技能大师工作室、省级·市级钱鹰名师工作室。

本文件主要起草人：吴茂钊、刘黔勋、杨波、蒲德坤、魏晓清、胡承林、李昌伶、刘宏波、洪钢、涂高潮、胡文柱、徐楠、杨丽彦、黄涛、肖喜生、王涛、任艳玲、李翌婼、夏雪、潘正芝、钱鹰、张智勇、张乃恒、张建强、龙凯江、娄孝东、潘绪学、高小书、王利君、梁伟、孙武山、杨绍宇、欧洁、陈克芬、何花、邓一、樊嘉、杨通州、吴笃琴、黎力、李兴文、罗洪士、吴泽汶、俸千惠、胡林、樊筑川、雁飞、宋伟奇、王德璨、徐启运、杨娟、李支群、任玉霞。

引 言

0.1 菜点源流

中国名菜、侗族名菜、三穗鸭乡四大名鸭菜之一。相传在制作黄焖鸭时，人们不小心将鲜鸭血浆掉进锅里，看着炒熟的血浆黑乎乎的，然而入口后，味道更加鲜美。此菜由此流传开来，人们纷纷制作。为了突出鸭血鲜味，减少了调味料用量，别具风味。

0.2 菜点典型形态示例

血浆三穗鸭 （魏晓清/制作 潘绪学/摄影）

时尚黔菜　血浆三穗鸭烹饪技术规范

1　范围

本文件规定了时尚黔菜血浆三穗鸭烹饪技术规范的原料及要求、烹饪设备与工具、制作工艺、盛装、感官要求、最佳食用时间与温度。

本文件适用于时尚黔菜血浆三穗鸭的加工烹制，烹饪教育与培训教材。

2　规范性引用文件

下列文件中的内容通过文中的规范性引用而构成本文件必不可少的条款。其中，注日期的引用文件，仅该日期对应的版本适用于本文件；不注日期的引用文件，其最新版本（包括所有的修改单）适用于本文件。

GB 2721《食品安全国家标准　食用盐》

GB 5749《生活饮用水卫生标准》

GB/T 18186《酿造酱油》

GB/T 30383《生姜》

GB 29938《食品安全国家标准　食品用香料通则》

GB/T 30391《花椒》

GH/T 1194《大蒜》

NY/T 455《胡椒》

NY/T 744《绿色食品　葱蒜类蔬菜》

NY/T 1885《绿色食品　米酒》

SB/T 10371《鸡精调味品》

SB/T 10303《老陈醋质量标准》

T/QLY 002《黔菜术语与定义》

3 术语和定义

T/QLY 002界定的术语和定义适用于本文件。

4 原料及要求

4.1 主配料

4.1.1 三穗麻鸭1只（1 250 g）。

4.1.2 鸭血350 g。

4.1.3 青椒120 g。

4.1.4 红椒80 g。

4.1.5 泡小米椒60 g。

4.2 调味料

4.2.1 干辣椒15 g。

4.2.2 花椒8 g，应符合GB/T 30391的规定。

4.2.3 盐6 g，应符合GB 2721的规定。

4.2.4 鸡精2 g，应符合SB/T 10371的规定。

4.2.5 胡椒粉5 g，应符合NY/T 455的规定。

4.2.6 香料粉8 g，应符合GB 29938的规定。

4.2.7 白醋5 mL，应符合SB/T 10303的规定。

4.2.8 酱油20 mL，应符合GB/T 18186的规定。

4.2.9 米酒15 mL，应符合NY/T 1885的规定。

4.2.10 鲜汤800 mL。

4.3 料头

4.3.1 姜片30 g，应符合GB/T 30383的规定。

4.3.2 蒜瓣50 g，应符合GH/T 1194的规定。

4.3.3　香葱15 g，应符合NY/T 744的规定。

4.4　加工用水

应符合GB 5749的规定。

5　烹饪设备与工具

5.1　设备

炒锅及配套设备。

5.2　工具

菜墩、刀具等。

6　制作工艺

6.1　初加工

6.1.1　麻鸭脖颈处拔毛，洗净，宰杀取血，滴入备有盐、白醋、清水调和均匀的碗中，处于不凝固状态。

6.1.2　杀好的鸭子、内脏分别治净。鸭肉斩成块状；鸭肫用直刀剞成菊花状花刀，鸭肝、鸭肠分别改刀成块、段状，混合放入盛器内，加入米酒、盐，码味8 min。

6.1.3　青椒、红椒分别洗净，切成3 cm长的段。

6.1.4　香葱洗净，挽成结。

6.2　加工

炒锅置旺火上，放入油500 mL，烧至七成热，下入鸭块爆至表面水分收干，捞出控油。锅内留底油100 mL烧热，下入干辣椒、花椒、姜片炒香；投入爆好的鸭块略翻炒，掺入鲜汤，加米酒、盐、香料粉、酱油，用小火慢烧至熟透，入味，下入蒜瓣，调大火将汤汁微收干，下入未凝固鸭血迅速炒至血散，均匀地沾在鸭块上；加入青椒段、红椒段、泡小米椒，调胡椒粉、鸡精翻炒均匀，起锅装入火锅，撒入香葱结，带火上桌。

7 盛装

7.1 盛装器皿

火锅或锅仔。

7.2 盛装方法

倒入垫底火锅中，带火上桌。

8 感官要求

8.1 色泽

色泽棕红，色彩分明。

8.2 香味

鸭香浓郁，香味四溢。

8.3 口味

鲜香纯正，味道独特。

8.4 质感

质地熟绵，彰显风味。

9 最佳食用时间与温度

菜肴出锅装火锅后，食用时间以不超过30 min为宜，食用温度以57～75 ℃为宜。

ICS 67.020
CCS H 62

T/QLY

团　体　标　准

T/QLY 042—2021

时尚黔菜
烧椒小炒肉烹饪技术规范

Guizhou Cuisine in Vogue: Standard for Cuisine Craftsmanship of Stir-frying Sliced Pork with Burned Green Pepper

2021-11-19发布　　2021-11-22实施

贵州旅游协会　发布

目　次

前　言

本文件按照GB/T 1.1—2020《标准化工作导则　第1部分：标准化文件的结构和起草规则》的规定起草。

本文件由贵州省文化和旅游厅、贵州省商务厅提出。

本文件由贵州旅游协会归口。

本文件起草单位：贵州轻工职业技术学院、贵阳仟纳饮食文化有限公司·仟纳贵州宴（连锁）、贵州大学后勤管理处饮食服务中心、贵州鼎品智库餐饮管理有限公司、贵州雅园饮食集团、贵州龙海洋皇宫餐饮有限公司·黔味源、贵州亮欢寨餐饮娱乐管理有限公司、贵阳四合院饮食有限公司·家香（连锁）、绥阳县黔厨职业技术学校、贵州黔厨实业（集团）有限公司、贵州盗汗鸡餐饮策划管理有限公司、贵州圭鑫酒店管理有限公司、黔西南州饭店餐饮协会、遵义市红花岗区烹饪协会、遵义市红花岗区餐饮行业商会、兴义市追味餐饮服务有限公司、贵州省吴茂钊技能大师工作室、贵州省张智勇技能大师工作室、省级·市级钱鹰名师工作室。

本文件主要起草人：吴茂钊、陈克芬、刘黔勋、杨波、吴泽汶、俸千惠、胡林、刘公瑾、洪钢、胡文柱、徐楠、杨丽彦、黄涛、肖喜生、王涛、任艳玲、李翌婼、夏雪、潘正芝、欧洁、钱鹰、古德明、黄永国、张智勇、张乃恒、张建强、龙凯江、娄孝东、潘绪学、高小书、梁伟、孙武山、何花、邓一、樊嘉、王德璨、徐启运、吴笃琴、黎力、李兴文、罗洪士、樊筑川、雁飞、宋伟奇、杨娟、李支群、任玉霞。

引 言

0.1 菜点源流

贵州农家多养殖年猪，肉质肥厚鲜美，与火燎过的呈虎皮状的青椒，加入郎岱酱同炒，形成独特时尚风味，有乡愁，有记忆，更有美味。

0.2 菜点典型形态示例

烧椒小炒肉 （胡林/制作 潘绪学/摄影）

时尚黔菜　烧椒小炒肉烹饪技术规范

1　范围

本文件规定了时尚黔菜烧椒小炒肉烹饪技术规范的原料及要求、烹饪设备与工具、制作工艺、盛装、感官要求、最佳食用时间与温度。

本文件适用于时尚黔菜烧椒小炒肉的加工烹制，烹饪教育与培训教材。

2　规范性引用文件

下列文件中的内容通过文中的规范性引用而构成本文件必不可少的条款。其中，注日期的引用文件，仅该日期对应的版本适用于本文件；不注日期的引用文件，其最新版本（包括所有的修改单）适用于本文件。

GB 2720《食品安全国家标准　味精》

GB 2721《食品安全国家标准　食用盐》

GB 5749《生活饮用水卫生标准》

GB/T 30383《生姜》

GH/T 1194《大蒜》

SB/T 10303《老陈醋质量标准》

T/GZSX 069《醪糟（米酒）》

T/QLY 002《黔菜术语与定义》

3 术语和定义

T/QLY 002界定的术语和定义适用于本文件。

4 原料及要求

4.1 主配料

4.1.1 梅子五花肉150 g。

4.1.2 青线椒200 g。

4.2 调味料

4.2.1 盐1 g，应符合GB 2721的规定。

4.2.2 味精2 g，应符合GB 2720的规定。

4.2.3 郎岱酱5 g。

4.2.4 陈醋2 mL，应符合SB/T 10303的规定。

4.2.5 甜酒酿3 mL，应符合T/GZSX 069的规定。

4.3 料头

4.3.1 仔姜片5 g，应符合GB/T 30383的规定。

4.3.2 蒜瓣5 g，应符合GH/T 1194的规定。

4.3.3 苦蒜5 g。

4.4 加工用水

应符合GB 5749的规定。

5 烹饪设备与工具

5.1 设备

炒锅及配套设备。

5.2 工具

菜墩、刀具等。

6 制作工艺

6.1 初加工

6.1.1 五花肉去皮，切成三指宽小片，加盐、甜酒酿码味。

6.1.2 青线椒用火烧成虎皮状，切成6 cm长的段。

6.1.3 蒜瓣拍破；苦蒜洗净，切成3 cm长的段。

6.2 加工

炒锅置旺火上，放入油80 mL，将肉滑散，下入蒜瓣混合煸炒至吐油呈微焦黄，放入郎岱酱炒香，加入仔姜片、烧椒段、苦蒜段翻炒均匀，加味精，淋入陈醋，炒匀亮油起锅。

7 盛装

7.1 盛装器皿

平盘及带底座加热盘。

7.2 盛装方法

堆码。

8 感官要求

8.1 色泽

色泽油亮，赏心悦目。

8.2 香味

酱香浓郁，清香扑鼻。

8.3 口味

微辣爽口，民族风味。

8.4 质感

肉香软糯，佐饭佳肴。

9 最佳食用时间与温度

菜肴出锅装盘后，食用时间以不超过15 min为宜，食用温度以47 ~ 57 ℃为宜。

ICS 67.020
CCS H 62

T/QLY

团 体 标 准

T/QLY 043—2021

时尚黔菜
酸菜折耳根烹饪技术规范

Guizhou Cuisine in Vogue: Standard for Cuisine Craftsmanship of Chinese Suancai（Pickled Vegetables）with Houttuynia Cordata

2021-11-19发布 2021-11-22实施

贵州旅游协会 发布

目 次

前 言

本文件按照GB/T 1.1—2020《标准化工作导则 第1部分：标准化文件的结构和起草规则》的规定起草。

本文件由贵州省文化和旅游厅、贵州省商务厅提出。

本文件由贵州旅游协会归口。

本文件起草单位：贵州轻工职业技术学院、贵阳四合院饮食有限公司·家香（连锁）、贵州大学后勤管理处饮食服务中心、贵州鼎品智库餐饮管理有限公司、贵州雅园饮食集团、贵州龙海洋皇宫餐饮有限公司·黔味源、贵州亮欢寨餐饮娱乐管理有限公司（连锁）、贵阳仟纳饮食文化有限公司·仟纳贵州宴（连锁）、贵州黔厨实业（集团）有限公司、贵州圭鑫酒店管理有限公司、绥阳县黔厨职业技术学校、黔西南州饭店餐饮协会、贵州盗汗鸡餐饮策划管理有限公司、兴义市追味餐饮服务有限公司、国家级秦立学技能大师工作室、贵州省吴茂钊技能大师工作室、贵州省张智勇技能大师工作室、省级·市级钱鹰名师工作室。

本文件主要起草人：吴茂钊、杨绍宇、陈克芬、王德璨、徐启运、刘黔勋、杨波、洪钢、胡文柱、徐楠、杨丽彦、黄涛、肖喜生、王涛、任艳玲、李翌婼、夏雪、潘正芝、钱鹰、张智勇、张乃恒、张建强、龙凯江、娄孝东、潘绪学、高小书、王利君、梁伟、孙武山、欧洁、何花、邓一、樊嘉、吴泽汶、俸千惠、胡林、樊筑川、雁飞、宋伟奇、吴笃琴、黎力、李兴文、罗洪士、杨娟、李支群、任玉霞。

引　言

0.1　菜点源流

折耳根，学名蕺菜，又名鱼腥草、野花麦、臭菜、热草。除含有蛋白质、脂肪、碳水化合物外，还含有甲基正壬酮、羊脂酸和月桂油烯等。可入药，气味特异，是川黔一大野菜，妇幼老弱皆爱吃，具有浓厚的山野地方特色。贵州人善用根部，有香辣酸鲜、开胃爽口的酸菜折耳根、折耳根炒腊肉等名菜。

0.2　菜点典型形态示例

酸菜折耳根　（徐启运/制作　潘绪学/摄影）

时尚黔菜
酸菜折耳根烹饪技术规范

1　范围

本文件规定了时尚黔菜酸菜折耳根烹饪技术规范的原料及要求、烹饪设备与工具、制作工艺、盛装、感官要求、最佳食用时间与温度。

本文件适用于时尚黔菜酸菜折耳根的加工烹制，烹饪教育与培训教材。

2　规范性引用文件

下列文件中的内容通过文中的规范性引用而构成本文件必不可少的条款。其中，注日期的引用文件，仅该日期对应的版本适用于本文件；不注日期的引用文件，其最新版本（包括所有的修改单）适用于本文件。

GB/T 317《白砂糖》

GB 2720《食品安全国家标准　味精》

GB 2721《食品安全国家标准　食用盐》

GB 5749《生活饮用水卫生标准》

GB/T 18186《酿造酱油》

GB/T 8233《芝麻油》

GB/T 30383《生姜》

GB/T 30391《花椒》

GH/T 1194《大蒜》

NY/T 744《绿色食品　葱蒜类蔬菜》

SB/T 10303《老陈醋质量标准》

DBS 52/011《食品安全地方标准　贵州辣椒面》

T/QLY 002《黔菜术语与定义》

3　术语和定义

T/QLY 002界定的术语和定义适用于本文件。

4　原料及要求

4.1　主配料

4.1.1　折耳根150 g。

4.1.2　酸菜100 g。

4.2　调味料

4.2.1　盐6 g，应符合GB 2721的规定。

4.2.2　味精1 g，应符合GB 2720的规定。

4.2.3　花椒面1 g，应符合GB/T 30391的规定。

4.2.4　白糖1 g，应符合GB/T 317的规定。

4.2.5　陈醋6 mL，应符合SB/T 10303的规定。

4.2.6　酱油4 mL，应符合GB/T 18186的规定。

4.2.7　手搓煳辣椒12 g，应符合DBS 52/011的规定。

4.2.8　芝麻油2 mL，应符合GB/T 8233的规定。

4.3　料头

4.3.1　姜米3 g，应符合GB/T 30383的规定。

4.3.2　蒜米3 g，应符合GH/T 1194的规定。

4.3.3　葱花5 g，应符合NY/T 744的规定。

4.4　加工用水

应符合GB 5749的规定。

5　烹饪设备与工具

5.1　设备

拌料钵及配套设备。

5.2　工具

菜墩、刀具等。

6　制作工艺

6.1　初加工

折耳根去老根、去须毛，掐摘成3 cm长的段，洗净，放入盛器内用淡盐水浸泡6 min，控水。酸菜洗净，挤干水分切成3 cm长、0.3 cm宽的细条状。

6.2　加工

折耳根放入拌料钵，加酸菜条、煳辣椒、姜米、蒜米、盐、白糖、味精、花椒面、酱油、陈醋、芝麻油搅拌均匀，装盘撒上葱花。

7　盛装

7.1　盛装器皿

味碟或小窝盘。

7.2　盛装方法

堆码。

8　感官要求

8.1　色泽

色泽鲜艳，清新悦目。

8.2　香味

野香浓郁，煳香四溢。

8.3 口味

煳辣酸香，口味独特。

8.4 质感

香脆鲜美，开胃健脾。

9 最佳食用时间与温度

菜肴拌制装盘后，食用时间以不超过120 min为宜，食用温度以常温为宜，可冰镇。

ICS 67.020
CCS H 62

T/QLY

团　体　标　准

T/QLY 051—2021

新派黔菜
黔香鸭烹饪技术规范

Guizhou Cuisine of New School: Standard for Cuisine Craftsmanship of Qian (Guizhou) Sauced Duck

2021-09-28发布　　2021-10-01实施

贵州旅游协会　发布

目　次

前　言

本文件按照GB/T 1.1—2020《标准化工作导则　第1部分：标准化文件的结构和起草规则》的规定起草。

本文件由贵州省文化和旅游厅、贵州省商务厅提出。

本文件由贵州旅游协会归口。

本文件起草单位：贵州轻工职业技术学院、贵州龙海洋皇宫餐饮有限公司·黔味源、贵州大学后勤管理处饮食服务中心、贵州鼎品智库餐饮管理有限公司、贵州雅园饮食集团、贵阳四合院饮食有限公司·家香（连锁）、贵州亮欢寨餐饮娱乐管理有限公司（连锁）、贵阳仟纳饮食文化有限公司·仟纳贵州宴（连锁）、贵州黔厨实业（集团）有限公司、贵州圭鑫酒店管理有限公司、绥阳县黔厨职业技术学校、黔西南州饭店餐饮协会、贵州盗汗鸡餐饮策划管理有限公司、兴义市追味餐饮服务有限公司、国家级秦立学技能大师工作室、贵州省吴茂钊技能大师工作室、贵州省张智勇技能大师工作室、省级·市级钱鹰名师工作室。

本文件主要起草人：吴茂钊、樊筑川、雁飞、宋伟奇、刘黔勋、杨波、洪钢、胡文柱、徐楠、杨丽彦、黄涛、杨学杰、吴文初、杨欢欢、肖喜生、王涛、任艳玲、李翌婼、夏雪、潘正芝、范佳雪、钱鹰、张智勇、张乃恒、张建强、龙凯江、娄孝东、潘绪学、高小书、王利君、梁伟、孙武山、杨绍宇、欧洁、陈克芬、何花、邓一、樊嘉、吴泽汶、俸千惠、胡林、王德璨、徐启运、吴笃琴、黎力、李兴文、罗洪士、杨娟、任玉霞。

引 言

0.1 菜点源流

集贵州卤鸭、酱鸭风味特色，经反复研制和测试，以创新模式，兼具鲜品黔香鸭餐厅零点，同时在食品公司工业化生产销售，本土风味浓郁的宴请宾客佳肴和赠送宾朋的一道伴手礼。

0.2 菜点典型形态示例

黔香鸭 （宋伟奇/制作 潘绪学/摄影）

新派黔菜　黔香鸭烹饪技术规范

1　范围

本文件规定了新派黔菜黔香鸭烹饪技术规范的原料及要求、烹饪设备与工具、制作工艺、盛装、感官要求、最佳食用时间与温度。

本文件适用于新派黔菜黔香鸭的加工烹制，烹饪教育与培训教材。

2　规范性引用文件

下列文件中的内容通过文中的规范性引用而构成本文件必不可少的条款。其中，注日期的引用文件，仅该日期对应的版本适用于本文件；不注日期的引用文件，其最新版本（包括所有的修改单）适用于本文件。

GB/T 1445《绵白糖》

GB 2721《食品安全国家标准　食用盐》

GB 5749《生活饮用水卫生标准》

GB/T 30391《花椒》

NY/T 455《胡椒》

QB/T 2745《烹饪黄酒》

T/QLY 002《黔菜术语与定义》

3 术语和定义

T/QLY 002界定的术语和定义适用于本文件。

4 原料及要求

4.1 主配料

土鸭1只（2 000 g）。

4.2 调味料

4.2.1 盐8 g，应符合GB 2721的规定。

4.2.2 胡椒粉15 g，应符合NY/T 455的规定。

4.2.3 花椒面25 g，应符合GB/T 30391的规定。

4.2.4 白糖12 g，应符合GB/T 1445的规定。

4.2.5 小茴香25 g。

4.2.6 黄酒50 mL，应符合QB/T 2745的规定。

4.2.7 香辣卤水20 L。

4.3 加工用水

应符合GB 5749的规定。

5 烹饪设备与工具

5.1 设备

烤箱及配套设备。

5.2 工具

菜墩、刀具等。

6 制作工艺

6.1 初加工

土鸭宰杀，治净，用盐、白糖、小茴香、花椒面、胡椒粉、黄酒调成腌料涂抹均匀，腌制2 h。

6.2　加工

6.2.1　将腌制好的土鸭进入烤炉内烤30 min，制成半成品。

6.2.2　自行调整的香辣卤水烧沸，放入半成品卤泡至30 min，浸泡10 min，捞出，控干晾凉，斩成块状。

7　盛装

7.1　盛装器皿

圆形平盘。

7.2　盛装方法

斩块码装。

8　感官要求

8.1　色泽

皮色棕红，成菜美观。

8.2　香味

卤香浓郁，香辣醇和。

8.3　口味

咸鲜回辣，椒香微麻。

8.4　质感

质地细嫩，绵韧爽口。

9　最佳食用时间与温度

菜肴出锅装盘后，食用时间以不超过60 min为宜，食用温度以常温为宜。

ICS 67.020
CCS H 62

T/QLY

团　　体　　标　　准

T/QLY 052—2021

新派黔菜
火腿焖洋芋烹饪技术规范

Guizhou Cuisine of New School: Standard for Cuisine Craftsmanship of Braised Potatoes with Ham

2021-09-28发布　　2021-10-01实施

贵州旅游协会　发布

目 次

前　言

本文件按照GB/T 1.1—2020《标准化工作导则　第1部分：标准化文件的结构和起草规则》的规定起草。

本文件由贵州省文化和旅游厅、贵州省商务厅提出。

本文件由贵州旅游协会归口。

本文件起草单位：贵州轻工职业技术学院、贵阳四合院饮食有限公司·家香（连锁）、贵州大学后勤管理处饮食服务中心、贵州鼎品智库餐饮管理有限公司、贵州雅园饮食集团、贵州龙海洋皇宫餐饮有限公司·黔味源、贵州亮欢寨餐饮娱乐管理有限公司（连锁）、贵阳仟纳饮食文化有限公司·仟纳贵州宴（连锁）、贵州黔厨实业（集团）有限公司、贵州圭鑫酒店管理有限公司、绥阳县黔厨职业技术学校、黔西南州饭店餐饮协会、贵州盗汗鸡餐饮策划管理有限公司、兴义市追味餐饮服务有限公司、国家级秦立学技能大师工作室、贵州省吴茂钊技能大师工作室、贵州省张智勇技能大师工作室、省级·市级钱鹰名师工作室。

本文件主要起草人：吴茂钊、王德璨、徐启运、胡文柱、龙凯江、刘黔勋、杨波、洪钢、徐楠、杨丽彦、黄涛、杨学杰、吴文初、杨欢欢、肖喜生、王涛、任艳玲、李翌婼、夏雪、潘正芝、范佳雪、钱鹰、张智勇、张乃恒、张建强、娄孝东、潘绪学、高小书、王利君、梁伟、孙武山、杨绍宇、欧洁、陈克芬、何花、邓一、樊嘉、吴泽汶、俸千惠、胡林、樊筑川、雁飞、宋伟奇、吴笃琴、黎力、李兴文、罗洪士、杨娟、任玉霞。

引 言

0.1 菜点源流

高原阳光城威宁的洋芋和火腿均是贵州好食材，制作的菜品极多。经长期探索，将两种食材一同用高压锅压制制作，风味别致，做出了黔菜的新风味。威宁洋芋被肯德基选用于西南地区使用，粉脆品质表现得淋漓尽致。

0.2 菜点典型形态示例

火腿焖洋芋 （徐启运/制作 潘绪学/摄影）

新派黔菜　火腿焖洋芋烹饪技术规范

1　范围

本文件规定了新派黔菜火腿焖洋芋技术规范的原料及要求、烹饪设备与工具、制作工艺、盛装、感官要求、最佳食用时间与温度。

本文件适用于新派黔菜火腿焖洋芋的加工烹制，烹饪教育与培训教材。

2　规范性引用文件

下列文件中的内容通过文中的规范性引用而构成本文件必不可少的条款。其中，注日期的引用文件，仅该日期对应的版本适用于本文件；不注日期的引用文件，其最新版本（包括所有的修改单）适用于本文件。

GB 2720《食品安全国家标准　味精》

GB 2721《食品安全国家标准　食用盐》

GB 5749《生活饮用水卫生标准》

GB/T 8937《食用猪油》

LS/T 3217《人造奶油（人造黄油）》

SB/T 10371《鸡精调味品》

T/QLY 002《黔菜术语与定义》

3 术语和定义

T/QLY 002界定的术语和定义适用于本文件。

4 原料及要求

4.1 主配料

4.1.1 威宁洋芋500 g。

4.1.2 威宁火腿50 g。

4.2 调味料

4.2.1 盐3 g，应符合GB 2721的规定。

4.2.2 味精1 g，应符合GB 2720的规定

4.2.3 鸡精3 g，应符合SB/T 10371的规定。

4.2.4 鸡汁2 g。

4.2.5 脆炸粉8 g。

4.2.6 干生粉8 g。

4.2.7 固体猪油150 g，应符合GB/T 8937的规定。

4.2.8 固体黄油100 g，应符合LS/T 3217的规定。

4.3 加工用水

应符合GB 5749的规定。

5 烹饪设备与工具

5.1 设备

炒锅、高压锅及配套设备。

5.2 工具

菜墩、刀具等。

6　制作工艺

6.1　初加工

6.1.1　洋芋去皮，洗净后切成5 cm长的滚刀块，放入清水中浸泡片刻，控水。

6.1.2　火腿改刀，冲去咸味，控水，切成2 cm的正方小块。

6.1.3　脆炸粉、干生粉混合拌匀制作粉料。

6.2　加工

6.2.1　炒锅置旺火上，放入猪油烧化，下入火腿块炒至金黄微焦出香味；再下入洋芋块炒制1 min左右；掺入300 mL纯净水烧沸，调入盐、味精、鸡精、鸡汁，倒入高压锅内，上气后焖5 min，捞出，拍上均匀的粉料。

6.2.2　平底锅置中火上，放入黄油烧化，下入拍好粉的洋芋块、火腿块煎至外酥里嫩。

7　盛装

7.1　盛装器皿

小高压锅。

7.2　盛装方法

倒入。

8　感官要求

8.1　色泽

色呈金黄，诱人食欲。

8.2　香味

奶香浓郁，火腿鲜香。

8.3　口味

咸鲜味美，微甘爽口。

T/QLY 002《黔菜术语与定义》

3 术语和定义

T/QLY 002界定的术语和定义适用于本文件。

4 原料及要求

4.1 主配料

4.1.1 猪板筋200 g。

4.1.2 贵州泡椒60 g。

4.1.3 芹菜35 g。

4.2 调味料

4.2.1 盐2 g，应符合GB 2721的规定。

4.2.2 味精1 g，应符合GB 2720的规定。

4.2.3 白糖5 g，应符合GB/T 1445的规定。

4.2.4 干生粉8 g。

4.2.5 酱油8 mL，应符合GB/T 18186的规定。

4.2.6 陈醋3 mL，应符合SB/T 10303的规定。

4.2.7 料酒5 mL，应符合SB/T 10416的规定。

4.2.8 水芡粉10 g。

4.2.9 红油15 mL。

4.3 料头

4.3.1 姜片3 g，应符合GB/T 30383的规定。

4.3.2 蒜片5 g，应符合NY/T 744的规定。

4.3.3 香葱段8 g，应符合NY/T 744的规定。

4.4 加工用水

应符合GB 5749的规定。

5　烹饪设备与工具

5.1　设备

炒锅及配套设备。

5.2　工具

菜墩、刀具等。

6　制作工艺

6.1　初加工

6.1.1　板筋去掉肥油、瘦肉，切成3 cm见方块或6 cm长的二粗丝，加盐、料酒、干生粉码味上浆。

6.1.2　选用花溪辣椒泡制的贵州泡椒切成4 cm马耳朵形或二粗丝。

6.1.3　芹菜去叶，洗净后拍破，切成3 cm长的段。

6.2　加工

6.2.1　炒锅置旺火上，炙锅，放入油550 mL（实耗30 mL），烧至四成热，下入码味好的板筋，快速爆炒至散籽透心，控油。

6.2.2　锅内放入油50 mL，下入泡椒段、姜片、蒜片炒香出色，投入爆好的板筋、芹菜段、香葱段，调入盐、味精、白糖、酱油、陈醋炒匀，勾入水芡粉，收薄汁，明红油。

7　盛装

7.1　盛装器皿

平盘及带底座加热盘。

7.2　盛装方法

堆装，亮油。

8 感官要求

8.1 色泽

色彩艳丽，红润油亮。

8.2 香味

泡椒浓郁，香味四溢。

8.3 口味

酸鲜可口，层次分明。

8.4 质感

肉质脆嫩，佐饭佳肴。

9 最佳食用时间与温度

菜肴出锅装盘后，食用时间以不超过5 min为宜，食用温度以47～57 ℃为宜。

ICS 67.020
CCS H 62

T/QLY

团　体　标　准

T/QLY 054—2021

新派黔菜
西米小排骨烹饪技术规范

Guizhou Cuisine of New School: Standard for Cuisine Craftsmanship of Steamed Sago Spareribs

2021-09-28发布　　2021-10-01实施

贵州旅游协会　发布

引 言

0.1 菜点源流

选用西米代替糯米，融入粉蒸排骨、糯米排骨、酱香排骨技法，蒸制的西米小排骨深受人们喜爱，长久不衰，晶莹透亮，酱香味浓，粝骨化渣，美观大方。

0.2 菜点典型形态示例

西米小排骨 （曾正海/制作 潘绪学/摄影）

新派黔菜　西米小排骨烹饪技术规范

1　范围

本文件规定了新派黔菜西米小排骨烹饪技术规范的原料及要求、烹饪设备与工具、制作工艺、盛装、感官要求、最佳食用时间与温度。

本文件适用于新派黔菜西米小排骨的加工烹制，烹饪教育与培训教材。

2　规范性引用文件

下列文件中的内容通过文中的规范性引用而构成本文件必不可少的条款。其中，注日期的引用文件，仅该日期对应的版本适用于本文件；不注日期的引用文件，其最新版本（包括所有的修改单）适用于本文件。

GB 2721《食品安全国家标准　食用盐》

GB 5749《生活饮用水卫生标准》

GB/T 30383《生姜》

NY/T 744《绿色食品　葱蒜类蔬菜》

SB/T 10416《调味料酒》

T/QLY 002《黔菜术语与定义》

3　术语和定义

T/QLY 002界定的术语和定义适用于本文件。

4 原料及要求

4.1 主配料

4.1.1 猪小排骨200 g。

4.1.2 西米60 g。

4.2 调味料

4.2.1 盐1 g，应符合GB 2721的规定。

4.2.2 料酒20 mL，应符合SB/T 10416的规定。

4.2.3 郎岱酱8 g。

4.3 料头

4.3.1 姜片8 g，应符合GB/T 30383的规定。

4.3.2 香葱段10 g，应符合NY/T 744的规定。

4.3.3 葱花3 g，应符合NY/T 744的规定。

4.4 加工用水

应符合GB 5749的规定。

5 烹饪设备与工具

5.1 设备

蒸锅及配套设备。

5.2 工具

菜墩、刀具等。

6 制作工艺

6.1 初加工

6.1.1 小排骨砍成6 cm长的段，加盐、姜片、香葱段、料酒、郎岱酱拌匀腌至30 min以上。

6.1.2 西米用150 mL冷油浸泡20 min，控油。

6.2　加工

小排骨段逐块滚裹上西米，放入木制蒸笼内码装摆放，上蒸锅内蒸40 min至熟透，取出撒上葱花。

7　盛装

7.1　盛装器皿

竹木蒸笼或平盘。

7.2　盛装方法

码装、平移。

8　感官要求

8.1　色泽

美观大方，晶莹透亮。

8.2　香味

酱香浓郁，肉鲜飘香。

8.3　口味

肉质鲜美，粝骨化渣。

8.4　质感

西米软糯，肉嫩酱浓。

9　最佳食用时间与温度

菜肴出锅装盘后，食用时间以不超过10 min为宜，食用温度以47～57 ℃为宜。

ICS 67.020
CCS H 62

T/QLY

团 体 标 准

T/QLY 055—2021

新派黔菜 火焰牛肉烹饪技术规范

Guizhou Cuisine of New School: Standard for Cuisine Craftsmanship of Roasting Sauced Beef with Roaring Flame

2021-09-28发布 2021-10-01实施

贵州旅游协会 发布

目 次

新派黔菜　火焰牛肉烹饪技术规范

前　言

本文件按照GB/T 1.1—2020《标准化工作导则　第1部分：标准化文件的结构和起草规则》的规定起草。

本文件由贵州省文化和旅游厅、贵州省商务厅提出。

本文件由贵州旅游协会归口。

本文件起草单位：贵州轻工职业技术学院、贵阳四合院饮食有限公司·家香（连锁）、贵州大学后勤管理处饮食服务中心、贵州鼎品智库餐饮管理有限公司、贵州雅园饮食集团、贵州龙海洋皇宫餐饮有限公司·黔味源、贵州亮欢寨餐饮娱乐管理有限公司（连锁）、贵阳仟纳饮食文化有限公司·仟纳贵州宴（连锁）、贵州黔厨实业（集团）有限公司、贵州圭鑫酒店管理有限公司、绥阳县黔厨职业技术学校、黔西南州饭店餐饮协会、贵州盗汗鸡餐饮策划管理有限公司、兴义市追味餐饮服务有限公司、国家级秦立学技能大师工作室、贵州省吴茂钊技能大师工作室、贵州省张智勇技能大师工作室、省级·市级钱鹰名师工作室。

本文件主要起草人：吴茂钊、王德璨、徐启运、刘黔勋、杨波、洪钢、胡文柱、徐楠、杨丽彦、黄涛、杨学杰、吴文初、杨欢欢、肖喜生、王涛、任艳玲、李翌婼、夏雪、潘正芝、范佳雪、钱鹰、张智勇、张乃恒、张建强、龙凯江、娄孝东、潘绪学、高小书、王利君、梁伟、孙武山、杨绍宇、欧洁、陈克芬、何花、邓一、樊嘉、吴泽汶、俸千惠、胡林、樊筑川、雁飞、宋伟奇、吴笃琴、黎力、李兴文、罗洪士、杨娟、任玉霞。

引 言

0.1 菜点源流

酒香菜，酒烹菜代表。选用贵州黄牛肉略炒后，摆放在架在窝盘中的钢丝网，铺垫在韭菜上，在盘中倒入酱香白酒，在餐桌上引燃。白酒燃烧的火苗将牛肉烧热，偶有焦香状态食用，酒香扑鼻，配以五香辣椒面，生动活泼，创意十足。

0.2 菜点典型形态示例

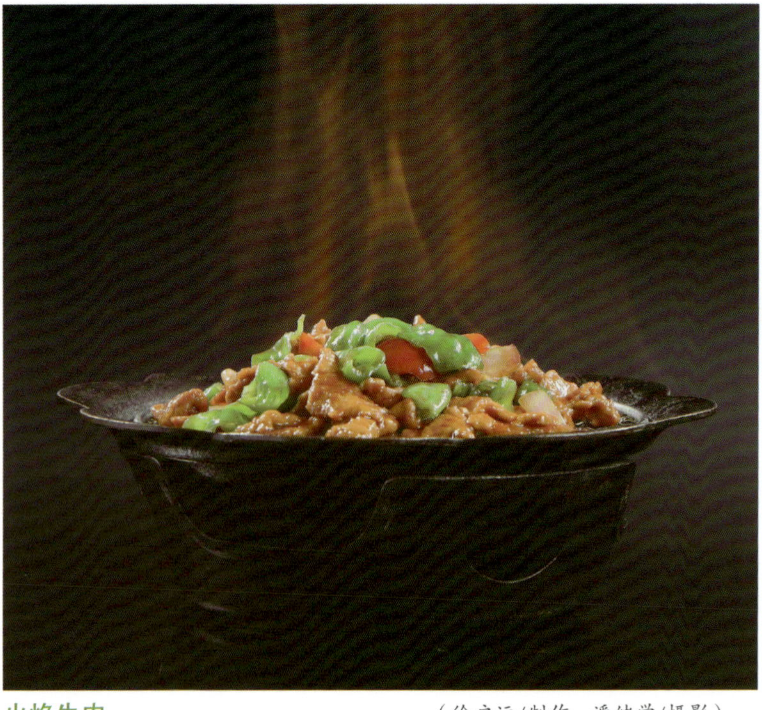

火焰牛肉 （徐启运/制作 潘绪学/摄影）

新派黔菜　火焰牛肉烹饪技术规范

1　范围

本文件规定了新派黔菜火焰牛肉烹饪技术规范的原料及要求、烹饪设备与工具、制作工艺、盛装、感官要求、最佳食用时间与温度。

本文件适用于新派黔菜火焰牛肉的加工烹制，烹饪教育与培训教材。

2　规范性引用文件

下列文件中的内容通过文中的规范性引用而构成本文件必不可少的条款。其中，注日期的引用文件，仅该日期对应的版本适用于本文件；不注日期的引用文件，其最新版本（包括所有的修改单）适用于本文件。

GB 2720《食品安全国家标准　味精》

GB 2721《食品安全国家标准　食用盐》

GB 5749《生活饮用水卫生标准》

GB/T 21999《蚝油》

GB/T 30383《生姜》

LS/T 3217《人造奶油（人造黄油）》

NY/T 744《绿色食品　葱蒜类蔬菜》

SB/T 10371《鸡精调味品》

SB/T 10416《调味料酒》

DBS 52/011《食品安全地方标准　贵州辣椒面》

T/QLY 002《黔菜术语与定义》

3　术语和定义

T/QLY 002界定的术语和定义适用于本文件。

4　原料及要求

4.1　主配料

4.1.1　贵州黄牛里脊300 g。

4.1.2　洋葱块50 g。

4.1.3　大青椒30 g。

4.1.4　大红椒30 g。

4.1.5　小韭菜50 g。

4.2　调味料

4.2.1　盐2 g，应符合GB 2721的规定。

4.2.2　味精1 g，应符合GB 2720的规定。

4.2.3　鸡精2 g，应符合SB/T 10371的规定。

4.2.4　蚝油7 g，应符合GB/T 21999的规定。

4.2.5　老抽2 mL。

4.2.6　鸡蛋1枚。

4.2.7　干生粉8 g。

4.2.8　黑胡椒汁12 mL。

4.2.9　料酒5 mL，应符合SB/T 10416的规定。

4.2.10　水芡粉15 g。

4.2.11　干红葡萄酒8 mL。

4.2.12　固体牛油8 g。

4.2.13　固体黄油8 g，应符合LS/T 3217的规定。

4.2.14　酱香白酒50 g。

4.3　料头

4.3.1　姜米5 g，应符合GB/T 30383的规定。

4.3.2　蒜米5 g，应符合NY/T 744的规定。

4.3.3　五香辣椒面蘸水50 g，应符合DBS 52/011的规定。

4.4　加工用水

应符合GB 5749的规定。

5　烹饪设备与工具

5.1　设备

炒锅及配套设备。

5.2　工具

菜墩、刀具等。

6　制作工艺

6.1　初加工

6.1.1　选用贵州小黄牛，无注水牛里脊去掉肥筋，切成长5 cm、宽3 cm、厚0.2 cm的片。加鸡蛋、盐、料酒、鸡精、味精、干生粉、清水180 mL拌匀腌制，让牛肉自然吸干水分，上浆封油。

6.1.2　青椒、红椒、洋葱分别洗净，切成长3 cm的菱形块。

6.1.3　韭菜洗净，切成8 cm长的段。

6.2　加工

6.2.1　炒锅置旺火上，放入500 mL油烧至六成热，下入牛肉片爆至六成熟；接着下入青椒块、红椒块、洋葱块同时断生，控油。

6.2.2　锅内放入牛油、黄油混合烧热，下入姜米、蒜米爆香；投入爆好的牛肉片及辅料翻炒均匀，调入盐、老抽、黑胡椒汁、蚝油、干红葡萄酒炒匀，勾入水芡粉收汁，亮油，起锅装入垫有韭菜段，配五香辣椒面蘸水，上桌后在锅边淋入高度白酒，点燃火焰。

目　次

前　言

本文件按照GB/T 1.1—2020《标准化工作导则　第1部分：标准化文件的结构和起草规则》的规定起草。

本文件由贵州省文化和旅游厅、贵州省商务厅提出。

本文件由贵州旅游协会归口。

本文件起草单位：贵州轻工职业技术学院、贵州龙海洋皇宫餐饮有限公司·黔味源、贵州大学后勤管理处饮食服务中心、贵州鼎品智库餐饮管理有限公司、贵州雅园饮食集团、贵阳四合院饮食有限公司·家香（连锁）、贵州亮欢寨餐饮娱乐管理有限公司（连锁）、贵阳仟纳饮食文化有限公司·仟纳贵州宴（连锁）、贵州黔厨实业（集团）有限公司、贵州圭鑫酒店管理有限公司、绥阳县黔厨职业技术学校、黔西南州饭店餐饮协会、贵州盗汗鸡餐饮策划管理有限公司、兴义市追味餐饮服务有限公司、国家级秦立学技能大师工作室、贵州省吴茂钊技能大师工作室、贵州省张智勇技能大师工作室、省级·市级钱鹰名师工作室。

本文件主要起草人：吴茂钊、刘海风、刘黔勋、杨波、樊筑川、雁飞、宋伟奇、洪钢、胡文柱、徐楠、杨丽彦、黄涛、肖喜生、王涛、任艳玲、李翌婼、夏雪、潘正芝、钱鹰、张智勇、张乃恒、张建强、龙凯江、娄孝东、潘绪学、高小书、王利君、梁伟、孙武山、杨绍宇、欧洁、陈克芬、何花、邓一、樊嘉、吴泽汶、俸千惠、胡林、王德璨、徐启运、吴笃琴、黎力、李兴文、罗洪士、杨娟、李支群、任玉霞。

本文件为首次发布。

引 言

0.1 菜点源流

贵州牛羊多生态养殖和宰杀，取内脏现场治净，烹制美味。多椒毛肚与重庆火锅相比，烹饪技法至关重要；经预处理后的毛肚和辣椒、辣椒蘸水，通过烫油快速成熟保温。色泽鲜艳，葱香微辣，蘸汁爽口，口感清新。

0.2 菜点典型形态示例

多椒涮毛肚 （宋伟奇/制作 潘绪学/摄影）

新派黔菜　多椒涮毛肚烹饪技术规范

1　范围

本文件规定了新派黔菜多椒涮毛肚烹饪技术规范的原料及要求、烹饪设备与工具、制作工艺、盛装、感官要求、最佳食用时间与温度。

本文件适用于新派黔菜多椒涮毛肚的加工烹制，烹饪教育与培训教材。

2　规范性引用文件

下列文件中的内容通过文中的规范性引用而构成本文件必不可少的条款。其中，注日期的引用文件，仅该日期对应的版本适用于本文件。不注日期的引用文件，其最新版本（包括所有的修改单）适用于本文件。

GB 2721《食品安全国家标准　食用盐》

GB 5749《生活饮用水卫生标准》

GB/T 8233《芝麻油》

GB/T 30383《生姜》

LS/T 3227《菜籽色拉油》

NY/T 455《胡椒》

NY/T 744《绿色食品　葱蒜类蔬菜》

SB/T 10416《调味料酒》

T/QLY 002《黔菜术语与定义》

3 术语和定义

T/QLY 002界定的术语和定义适用于本文件。

4 原料及要求

4.1 主配料

毛肚200 g。

4.2 调味料

4.2.1 干辣椒段5 g。

4.2.2 花椒3 g。

4.2.3 盐2 g，应符合GB 2721的规定。

4.2.4 胡椒粉2 g，应符合NY/T 455的规定。

4.2.5 面粉15 g。

4.2.6 料酒25 mL，应符合SB/T 10416的规定。

4.2.7 芝麻油3 mL，应符合GB/T 8233的规定。

4.2.8 辣鲜露3 mL。

4.2.9 生抽10 mL。

4.2.10 姜汁6 mL。

4.2.11 葱油100 mL。

4.2.12 色拉油500 mL，应符合LS/T 3227的规定。

4.3 料头

4.3.1 红小米椒15 g。

4.3.2 姜片5 g，应符合GB/T 30383的规定。

4.3.3 香葱段10 g，应符合NY/T 744的规定。

4.3.4 香菜段10 g。

4.4 加工用水

应符合GB 5749的规定。

5　烹饪设备与工具

5.1　设备

炒锅及配套设备。

5.2　工具

菜墩、刀具等。

6　制作工艺

6.1　初加工

6.1.1　毛肚撕去黑膜，用清水冲至无腥味；控水，切成一字条；加姜片、香葱段、生抽、芝麻油、料酒、面粉搅拌腌制10 min，再冲水去掉腥味，用毛巾吸干水分并加姜汁、盐、胡椒粉、料酒、生抽、辣鲜露、芝麻油拌匀，装入盛器；搭配干辣椒段、花椒、姜片、香葱段、香菜段。

6.1.2　红小米椒洗净，切成薄圈状，装入小碗内，加生抽、辣鲜露、芝麻油兑制成蘸水。

6.2　加工

葱油、色拉油混合烧至八成热，倒入木桶器皿内；上桌时，依次放入姜片、干辣椒、花椒、香葱段、香菜段、毛肚搅拌涮烫8 s，配上蘸水食用。

7　盛装

7.1　盛装器皿

带不锈钢内胆木桶。

7.2　盛装方法

热油装入器皿，食材倒入烫熟。

8 感官要求

8.1 色泽

色泽鲜艳，五彩缤纷。

8.2 香味

葱香微辣，热气飘香。

8.3 口味

蘸汁爽口，口感清新。

8.4 质感

脆爽化渣，回味悠长。

9 最佳食用时间与温度

菜肴装盘烫煮食用，食用时间以不超过3 min为宜，烫煮温度以90 ℃为宜，食用温度以57 ~ 75 ℃为宜。

ICS 67.020
CCS H 62

T/QLY

团　体　标　准

T/QLY 058—2021

新派黔菜
核桃凤翅烹饪技术规范

Guizhou Cuisine of New School: Standard for Cuisine Craftsmanship of Chicken Wings Marinated with Walnut Kernel

2021-11-19发布　　2021-11-22实施

贵州旅游协会　发布

目 次

前　言

本文件按照GB/T 1.1—2020《标准化工作导则　第1部分：标准化文件的结构和起草规则》的规定起草。

本文件由贵州省文化和旅游厅、贵州省商务厅提出。

本文件由贵州旅游协会归口。

本文件起草单位：贵州轻工职业技术学院、贵州酒店集团有限公司·贵州饭店有限公司、国家级·省级秦立学技能大师工作室、省级孙俊革劳模工作室、贵州大学后勤管理处饮食服务中心、贵州鼎品智库餐饮管理有限公司、贵州雅园饮食集团、贵州龙海洋皇宫餐饮有限公司·黔味源、贵阳仟纳饮食文化有限公司·仟纳贵州宴（连锁）、贵州亮欢寨餐饮娱乐管理有限公司（连锁）、贵阳四合院饮食有限公司·家香（连锁）、贵州黔厨实业（集团）有限公司、绥阳县黔厨职业技术学校、贵州圭鑫酒店管理有限公司、黔西南州饭店餐饮协会、贵州盗汗鸡餐饮策划管理有限公司、兴义市追味餐饮服务有限公司、贵州省吴茂钊技能大师工作室、贵州省张智勇技能大师工作室、省级·市级钱鹰名师工作室。

本文件主要起草人：吴茂钊、胡文柱、刘黔勋、杨波、秦立学、孙俊革、付立刚、李永峰、梁建勇、丁振、洪钢、徐楠、杨丽彦、黄涛、肖喜生、王涛、任艳玲、李翌婼、夏雪、潘正芝、钱鹰、张智勇、张乃恒、张建强、龙凯江、娄孝东、潘绪学、高小书、王利君、梁伟、孙武山、郭茂江、欧洁、陈克芬、何花、邓一、樊嘉、吴泽汶、俸千惠、胡林、王德璨、徐启运、樊筑川、雁飞、宋伟奇、吴笃琴、黎力、李兴文、罗洪士、杨娟、李支群、任玉霞。

引 言

0.1 菜点源流

创意菜、象形菜、造型菜，用鸡翅剔骨后，留出一头、捶敲在一堆，腌炸炒香成核桃大小的不规则形状。口味好，造型佳，色艳丽，香味扑鼻，口齿留香。

0.2 菜点典型形态示例

核桃凤翅 （李永峰/制作 潘绪学/摄影）

新派黔菜　核桃凤翅烹饪技术规范

1　范围

本文件规定了新派黔菜核桃凤翅烹饪技术规范的原料及要求、烹饪设备与工具、制作工艺、盛装、感官要求、最佳食用时间与温度。

本文件适用于新派黔菜核桃凤翅的加工烹制，烹饪教育与培训教材。

2　规范性引用文件

下列文件中的内容通过文中的规范性引用而构成本文件必不可少的条款。其中，注日期的引用文件，仅该日期对应的版本适用于本文件；不注日期的引用文件，其最新版本（包括所有的修改单）适用于本文件。

GB/T 317《白砂糖》

GB 2720《食品安全国家标准　味精》

GB 2721《食品安全国家标准　食用盐》

GB 5749《生活饮用水卫生标准》

GB/T 18186《酿造酱油》

GB/T 30383《生姜》

NY/T 744《绿色食品　葱蒜类蔬菜》

SB/T 10296《甜面酱》

SB/T 10303《老陈醋质量标准》

SB/T 10416《调味料酒》

T/QLY 002《黔菜术语与定义》

3 术语和定义

T/QLY 002界定的术语和定义适用于本文件。

4 原料及要求

4.1 主配料

4.1.1 鸡中翅10块（650 g）。

4.1.2 核桃仁50 g。

4.2 调味料

4.2.1 熟糍粑辣椒30 g。

4.2.2 豆瓣酱10 g。

4.2.3 盐3 g，应符合GB 2721的规定。

4.2.4 味精1 g，应符合GB 2720的规定。

4.2.5 白糖6 g，应符合GB/T 317的规定。

4.2.6 干芡粉50 g。

4.2.7 甜酱5 g，应符合SB/T 10296的规定。

4.2.8 酱油10 mL，应符合GB/T 18186的规定。

4.2.9 陈醋10 mL，应符合SB/T 10303的规定。

4.2.10 料酒15 mL，应符合SB/T 10416的规定。

4.2.11 水芡粉15 g。

4.2.12 高汤250 mL。

4.3 料头

4.3.1 姜片10 g，应符合GB/T 30383的规定。

4.3.2 香葱段10 g，应符合NY/T 744的要求。

4.3.3 香菜6 g。

4.4　加工用水

应符合GB 5749的规定。

5　烹饪设备与工具

5.1　设备

炒锅及配套设备。

5.2　工具

菜墩、刀具等。

6　制作工艺

6.1　初加工

6.1.1　鸡中翅从尖部剔出骨头，将肉慢慢推入底部骨肉相连，形成口袋状，用姜片、香葱段、盐、料酒腌制8 min。

6.1.2　核桃仁用清水浸泡片刻，将表皮撕去，洗净后控水，吸干水分并放入300 mL冷油锅中炸至酥脆，控油，冷却后待用。

6.1.3　香菜洗净，切成碎粒状。

6.2　加工

6.2.1　将酥核桃仁装入每块鸡中翅做成的口袋中，连皮反转成核桃型，用牙签封口。

6.2.2　炒锅置旺火上，放入油800 mL烧至六成热，将逐块鸡翅拍上均匀的干芡粉，投入油锅中炸至金黄色并熟透，控油。

6.2.3　锅内放入油45 mL，下入豆瓣酱煵炒香出色，加熟糍粑辣椒、甜酱炒出香味并油红，掺入高汤烧沸后，去掉渣料，放入盐、味精、白糖、酱油、陈醋、料酒，投入炸好的鸡翅，用小火烧至入味；撒入香菜碎粒并勾入水芡粉收汁，装入盛器内，去掉牙签。

7 盛装

7.1 盛装器皿

圆形浅窝盘或平盘。

7.2 盛装方法

去掉牙签，整齐码装入盘。

8 感观要求

8.1 色泽

色泽红亮，造型美观。

8.2 香味

肉香味浓，香味扑鼻。

8.3 口味

爽口化渣，咸鲜微辣。

8.4 质感

外糯内酥，油润清爽。

9 最佳食用时间与温度

菜肴出锅装盘后，食用时间以不超过15 min为宜，食用温度以47 ~ 57 ℃为宜。

ICS 67.020
CCS H 62

T/QLY

团　　体　　标　　准

T/QLY 060—2021

新派黔菜
豆米火锅烹饪技术规范

Guizhou Cuisine of New School: Standard for Cuisine Craftsmanship of Hotpot with Boiled Ormosia

2021-11-19发布　　2021-11-22实施

贵州旅游协会　发布

目 次

前　言

本文件按照GB/T 1.1—2020《标准化工作导则　第1部分：标准化文件的结构和起草规则》的规定起草。

本文件由贵州省文化和旅游厅、贵州省商务厅提出。

本文件由贵州旅游协会归口。

本文件起草单位：贵州轻工职业技术学院、贵州雅园饮食集团·都市新大新豆米火锅、贵州大学后勤管理处饮食服务中心、贵州鼎品智库餐饮管理有限公司、贵阳四合院饮食有限公司·家香（连锁）、贵阳仟纳饮食文化有限公司·仟纳贵州宴（连锁）、贵州龙海洋皇宫餐饮有限公司·黔味源、贵州亮欢寨餐饮娱乐管理有限公司（连锁）、贵州黔厨实业（集团）有限公司、贵州圭鑫酒店管理有限公司、绥阳县黔厨职业技术学校、黔西南州饭店餐饮协会、贵州盗汗鸡餐饮策划管理有限公司、兴义市追味餐饮服务有限公司、国家级秦立学技能大师工作室、贵州省吴茂钊技能大师工作室、贵州省张智勇技能大师工作室、省级·市级钱鹰名师工作室。

本文件主要起草人：吴茂钊、邓一、樊嘉、朱永平、刘黔勋、杨波、洪钢、胡文柱、徐楠、杨丽彦、黄涛、肖喜生、王涛、任艳玲、李翌婼、夏雪、潘正芝、欧洁、古德明、黄永国、张乃恒、张建强、张智勇、秦立学、钱鹰、龙凯江、娄孝东、潘绪学、高小书、王利君、梁伟、孙武山、郑生刚、陈克芬、何花、王德璨、徐启运、吴泽汶、俸千惠、胡林、樊筑川、雁飞、宋伟奇、吴笃琴、黎力、李兴文、罗洪士、杨娟、李支群、任玉霞。

本文件为首次发布。

引　言

0.1　菜点源流

“豆米火锅”源自贵州民间一道家常菜“豆米汤”。1993年，新大新将其改良加入了软哨、糟辣椒，并取名为“豆米火锅”，推出市场，从此豆米火锅便开始流行起来。如今，豆米火锅早已成为贵州美食的代表，贵州各地均可见到不同种类、不同口味的豆米火锅。

0.2　菜点典型形态示例

豆米火锅　（朱永平/制作　朵朵/摄影）

新派黔菜　豆米火锅烹饪技术规范

1　范围

本文件规定了新派黔菜豆米火锅烹饪技术规范的原料及要求、烹饪设备与工具、制作工艺、盛装、感官要求、最佳食用时间与温度。

本文件适用于新派黔菜豆米火锅的加工烹制，烹饪教育与培训教材。

2　规范性引用文件

下列文件中的内容通过文中的规范性引用而构成本文件必不可少的条款。其中，注日期的引用文件，仅该日期对应的版本适用于本文件；不注日期的引用文件，其最新版本（包括所有的修改单）适用于本文件。

GB 2721《食品安全国家标准　食用盐》

GB 5749《生活饮用水卫生标准》

GB/T 8937《食用猪油》

GB/T 18186《酿造酱油》

GB/T 30383《生姜》

NY/T 744《绿色食品　葱蒜类蔬菜》

SB/T 10371《鸡精调味品》

SB/T 10416《调味料酒》

DBS 52/011《食品安全地方标准　贵州辣椒面》

T/QLY 002《黔菜术语与定义》

3 术语和定义

T/QLY 002界定的术语和定义适用于本文件。

4 原料及要求

4.1 主配料

4.1.1 熟豆米650 g。

4.1.2 五花猪肉500 g。

4.2 调味料

4.2.1 糟辣椒180 g。

4.2.2 盐3 g，应符合GB 2721的规定。

4.2.3 鸡精2 g，应符合SB/T 10371的规定。

4.2.4 煳辣椒50 g，应符合DBS 52/011的规定。

4.2.5 酱油50 mL，应符合GB/T 18186的规定。

4.2.6 料酒10 mL，应符合SB/T 10416的规定。

4.2.7 猪油50 mL，应符合GB/T 8937的规定。

4.2.8 姜葱水30 mL，应符合NY/T 744的规定。

4.2.9 豆米原汤500 mL。

4.2.10 鲜汤2 000 mL。

4.3 料头

4.3.1 蒜苗段50 g。

4.3.2 姜米15 g，应符合NY/T 30383的规定。

4.3.3 蒜米15 g，应符合NY/T 744的规定。

4.3.4 拍蒜泥15 g，应符合NY/T 744的规定。

4.3.5 青蒜花10 g。

4.4 加工用水

应符合GB 5749的规定。

5　烹饪设备与工具

5.1　设备

炒锅及配套设备。

5.2　工具

菜墩、刀具等。

6　制作工艺

6.1　初加工

6.1.1　净五花肉切成2 mm厚的片状，加料酒、姜葱水、酱油15 mL腌制入味。

6.1.2　取一个盛器，放入煳辣椒、盐、鸡精、酱油搅拌均匀，倒入按人数分碟碗内，再放入拍好的蒜泥、青蒜花制成煳辣椒蘸水。

6.2　加工

6.2.1　炒锅置旺火上，下入猪油烧热，放入腌制好的猪肉用小火煸炒至软硬适中的软哨，出锅控油。

6.2.2　锅内放入油烧热，爆香姜米、蒜米，下入糟辣椒煸炒至香味出；投入熟豆米一边炒一边将部分豆米碾压破碎至出香浓郁；掺入豆米原汤、鲜汤混合烧沸，加盐、鸡精、酱油调味，起锅倒入火锅内；放入软哨，撒入蒜苗段，上桌时配煳辣椒蘸水及各种各样的蔬菜拼、锦绣拼、菌菇拼，开火煮食即成。

7　盛装

7.1　盛装器皿

火锅。

7.2　盛装方法

倒入，带火、带辣椒蘸水。

8 感官要求

8.1 色泽

汤色红亮，肉哨棕红。

8.2 香味

豆浓醇香，鲜香四溢。

8.3 口味

糟香微辣，汤鲜味美。

8.4 质感

豆软细沙，增进食欲。

9 最佳食用时间与温度

菜肴出锅装火锅后，食用时间以不超过1 h为宜，食用温度以57 ~ 75 ℃为宜。

贵州省文化和旅游厅《黔菜标准体系》编制成果

职业教育烹饪专业教材　黔菜全民教育黔菜标准版

黔菜标准

第3辑　贵州小吃

主　编　吴茂钊　刘黔勋　杨　波

重庆大学出版社

内容提要

贵州省文化和旅游厅《黔菜标准体系》编制成果《黔菜标准》1—3辑，汇编了黔菜基础（4个）/传统黔菜（18个）、时尚黔菜（10个）/新派黔菜（8个）、贵州小吃（17个），五大类共计57个团体标准，其中4个基础标准对黔菜概念和分类进行系统性概述，并定义黔菜术语、英译规范和服务规范；53个烹饪技术规范对黔菜代表菜品的原料、制作工艺、感官要求、最佳食用时间等方面提供了标准。本书是行业企业黔菜标准蓝本，作为职业教育烹饪专业教材，以教育起点全面推广黔菜，同时纳入黔菜全民教育黔菜标准版教材，完善和引领黔菜高质量发展。本书可作为中职中餐烹饪专业、高职专科烹饪工艺与营养、高职本科烹饪与餐饮管理、大学本科烹饪与营养教育专业教材，烹饪类专业社区教育、职业培训教材，也可作为中职、高职专科、高职本科和大学本科旅游、酒店类饮食文化和菜点知识辅助教材，同时作为学校营养餐、家庭营养餐、社会餐饮从业人员、研究人员和旅游者的参考书。

图书在版编目（CIP）数据

黔菜标准. 第3辑，贵州小吃 / 吴茂钊，刘黔勋，杨波主编. -- 重庆：重庆大学出版社，2023.6

ISBN 978-7-5689-3404-6

Ⅰ. ①黔… Ⅱ. ①吴…②刘…③杨… Ⅲ. ①菜谱—贵州—高等职业教育—教材 Ⅳ. ①TS972.182.73

中国版本图书馆CIP数据核字（2022）第112731号

职业教育烹饪专业教材
黔菜全民教育黔菜标准版

黔菜标准

第3辑　贵州小吃

主　编　吴茂钊　刘黔勋　杨　波
策划编辑：沈　静
责任编辑：夏　宇　　版式设计：博卷文化
责任校对：邹　忌　　责任印制：张　策

*

重庆大学出版社出版发行
出版人：饶帮华
社址：重庆市沙坪坝区大学城西路21号
邮编：401331
电话：（023）88617190　88617185（中小学）
传真：（023）88617186　88617166
网址：http：//www.cqup.com.cn
邮箱：fxk@cqup.com.cn（营销中心）
全国新华书店经销
重庆长虹印务有限公司印刷

*

开本：889mm×1194mm　1/32　印张：4.875　字数：132千
2023年6月第1版　2023年6月第1次印刷
印数：1—3 000
ISBN 978-7-5689-3404-6　定价：99.00元（全3册）

《黔菜标准》编委会

《黔菜标准》组织机构

提出单位：

贵州省文化和旅游厅

贵州省商务厅

归口单位：

贵州旅游协会

起草单位：

贵州轻工职业技术学院

联合起草单位：

贵州轻工职业技术学院黔菜发展协同创新中心

贵州大学后勤管理处饮食服务中心

绥阳县黔厨职业技术学校

国家级秦立学技能大师工作室

贵州省吴茂钊技能大师工作室

贵州省张智勇技能大师工作室

省级·市级钱鹰名师工作室

省级孙俊革劳模工作室

黔西南州商务局

三穗鸭产业发展领导小组办公室

黔西南州饭店餐饮协会

遵义市红花岗区烹饪协会

贵州酒店集团有限公司·贵州饭店有限公司

贵州雅园饮食集团·新大新豆米火锅（连锁）·雷家豆腐圆子（连锁）

贵州亮欢寨餐饮娱乐管理有限公司（连锁）

贵州龙海洋皇宫餐饮有限公司·黔味源

贵州黔厨实业（集团）有限公司

贵州盗汗鸡实业有限公司

贵阳仟纳饮食文化有限公司·仟纳贵州宴（连锁）
贵阳四合院饮食有限公司·家香（连锁）
贵州怪噜范餐饮管理有限公司（连锁）
贵阳大掌柜辣子鸡黔味坊餐饮
遵义市冯家豆花面馆（连锁）
闵四遵义羊肉粉馆（连锁）
息烽县叶老大阳朗辣子鸡有限公司（连锁）
贵州胖四娘食品有限公司
贵州吴宫保酒店管理有限公司
红花岗区蕺品黔味盬子鸡馆
贵州夏九九餐饮有限公司·九九兴义羊肉粉馆（连锁）
黔西南晓湘湘餐饮服务有限公司
兴义市老杠子面坊餐饮连锁发展有限公司
兴仁县黔回味张荣彪清真馆
晴隆县郑开春餐饮服务有限责任公司·豆豉辣子鸡
贵州鼎品智库餐饮管理有限公司
贵州圭鑫酒店管理有限公司
贵阳大掌柜牛肉粉（连锁）
贵州黔北娄山黄焖鸡餐饮文化发展有限公司
遵义张安居餐饮服务有限公司
贵州君怡餐饮管理服务有限公司
兴义市追味餐饮服务有限公司（连锁）
贵州刘半天餐饮管理有限公司
三穗县翼宇鸭业有限公司
三穗县美丫丫火锅店
三穗县食为天三穗鸭餐厅

目　录

ICS 67.020
CCS H 62

T/QLY

团　体　标　准

T/QLY 071—2021

贵州小吃
怪噜饭烹饪技术规范

Guizhou Snack: Standard for Cuisine Craftsmanship of Stir-frying Rice with Assorted Vegetables and Meat

2021-09-28发布　　2021-10-01实施

贵州旅游协会　发布

目 次

前　言

本文件按照GB/T 1.1—2020《标准化工作导则　第1部分：标准化文件的结构和起草规则》的规定起草。

本文件由贵州省文化和旅游厅、贵州省商务厅提出。

本文件由贵州旅游协会归口。

本文件起草单位：贵州轻工职业技术学院、贵州怪噜范餐饮管理有限公司（连锁）、贵州大学后勤管理处饮食服务中心、贵州鼎品智库餐饮管理有限公司、贵州雅园饮食集团、贵阳四合院饮食有限公司·家香（连锁）、贵阳仟纳饮食文化有限公司·仟纳贵州宴（连锁）、贵州龙海洋皇宫餐饮有限公司·黔味源、贵州亮欢寨餐饮娱乐管理有限公司（连锁）、贵州黔厨实业（集团）有限公司、贵州圭鑫酒店管理有限公司、绥阳县黔厨职业技术学校、黔西南州饭店餐饮协会、贵州盗汗鸡餐饮策划管理有限公司、兴义市追味餐饮服务有限公司、国家级秦立学技能大师工作室、贵州省吴茂钊技能大师工作室、贵州省张智勇技能大师工作室、省级·市级钱鹰名师工作室。

本文件主要起草人：吴茂钊、邬忠芬、刘黔勋、杨波、洪钢、胡文柱、徐楠、杨丽彦、黄涛、杨学杰、吴文初、杨欢欢、肖喜生、王涛、任艳玲、李翌婼、夏雪、潘正芝、范佳雪、欧洁、古德明、黄永国、张乃恒、张建强、张智勇、秦立学、钱鹰、龙凯江、娄孝东、潘绪学、高小书、王利君、梁伟、孙武山、郑生刚、陈克芬、何花、邓一、樊嘉、王德璨、徐启运、吴泽汶、倖千惠、胡林、樊筑川、雁飞、宋伟奇、吴笃琴、黎力、李兴文、罗洪士、杨娟、任玉霞。

引 言

0.1 菜点源流

贵阳非遗传承产品，相传早期是剩菜炒饭。餐厅将这一美味调整成新鲜食材炒制，味道更加霸道。流传开来，不断优化，有贵州炒饭之誉。

0.2 菜点典型形态示例

怪噜饭 （邬忠芬/制作 潘绪学/摄影）

贵州小吃　怪噜饭烹饪技术规范

1　范围

本文件规定了贵州小吃怪噜饭烹饪技术规范的原料及要求、烹饪设备与工具、制作工艺、盛装、感官要求、最佳食用时间与温度。

本文件适用于贵州小吃怪噜饭的加工烹制，烹饪教育与培训教材。

2　规范性引用文件

下列文件中的内容通过文中的规范性引用而构成本文件必不可少的条款。其中，注日期的引用文件，仅该日期对应的版本适用于本文件；不注日期的引用文件，其最新版本（包括所有的修改单）适用于本文件。

GB 5749《生活饮用水卫生标准》

GB/T 8937《食用猪油》

GB/T 30391《花椒》

GB/T 18186《酿造酱油》

SB/T 10371《鸡精调味品》

T/QLY 002《黔菜术语与定义》

3　术语和定义

T/QLY 002界定的术语和定义适用于本文件。

4 原料及要求

4.1 主配料

4.1.1 熟米饭240 g。

4.1.2 猪后腿瘦肉35 g。

4.1.3 熟腊肉15 g。

4.1.4 甜味香肠7 g。

4.1.5 熟四季豆米20 g。

4.1.6 鲜香菇5 g。

4.1.7 青口白菜30 g。

4.1.8 芹菜12 g。

4.1.9 折耳根12 g。

4.2 调味料

4.2.1 辣椒酱70 g。

4.2.2 盐2 g。

4.2.3 鸡精3 g，应符合SB/T 10371的规定。

4.2.4 花椒粉2 g，应符合GB/T 30391的规定。

4.2.5 酱油5 mL，应符合GB/T 18186的规定。

4.2.6 熟猪油15 mL，应符合GB/T 8937的规定。

4.3 料头

葱花10 g。

4.4 加工用水

应符合GB 5749的规定。

5 烹饪设备与工具

5.1 设备

炒锅及配套设备。

5.2 工具

菜墩、刀具等。

6 制作工艺

6.1 初加工

把熟腊肉、鲜香菇分别切成丁；甜味香肠切丁；猪后腿瘦肉切成细丝；青口白菜洗净，切成丝；芹菜摘去叶子，洗净后切成3 cm的段；折耳根摘去须和老根，洗净后切成3 cm的段。

6.2 加工

炒锅置旺火上，放入熟猪油烧热，下肉丝煸炒至断生，放熟腊肉丁、甜味香肠丁、香菇丁、青口白菜丝炒香至熟透。下辣椒酱、熟四季豆米、芹菜段、折耳根节一同翻炒。投入熟米饭翻炒受热均匀，加盐、鸡精、花椒粉、酱油、葱花炒匀。

7 盛装

7.1 盛装器皿

粉碗、圆盘。

7.2 盛装方法

倒入。

8 感官要求

8.1 色泽

色泽酱红，饭菜合一。

8.2 香味

饭香浓郁，具有食欲。

8.3 口味

菜鲜脆爽，麻辣爽口。

8.4　质感

米饭颗粒，开胃适中。

9　最佳食用时间与温度

小吃出锅盛装后，食用时间以不超过15 min为宜，食用温度以47 ~ 57 ℃为宜。

ICS 67.020
CCS H 62

T/QLY

团　体　标　准

T/QLY 072—2021

贵州小吃
丝娃娃烹饪技术规范

Guizhou Snack: Standard for Cuisine Craftsmanship of Vegetarian Spring Rolls

2021-09-28发布　　2021-10-01实施

贵州旅游协会　发布

目 次

前　言

本文件按照GB/T 1.1—2020《标准化工作导则　第1部分：标准化文件的结构和起草规则》的规定起草。

本文件由贵州省文化和旅游厅、贵州省商务厅提出。

本文件由贵州旅游协会归口。

本文件起草单位：贵州轻工职业技术学院、贵州怪噜范餐饮管理有限公司（连锁）、贵州大学后勤管理处饮食服务中心、贵州鼎品智库餐饮管理有限公司、贵州雅园饮食集团、贵阳四合院饮食有限公司·家香（连锁）、贵阳仟纳饮食文化有限公司·仟纳贵州宴（连锁）、贵州龙海洋皇宫餐饮有限公司·黔味源、贵州亮欢寨餐饮娱乐管理有限公司（连锁）、贵州黔厨实业（集团）有限公司、贵州圭鑫酒店管理有限公司、绥阳县黔厨职业技术学校、黔西南州饭店餐饮协会、贵州盗汗鸡餐饮策划管理有限公司、兴义市追味餐饮服务有限公司、国家级秦立学技能大师工作室、贵州省吴茂钊技能大师工作室、贵州省张智勇技能大师工作室、省级·市级钱鹰名师工作室。

本文件主要起草人：吴茂钊、邬忠芬、刘黔勋、杨波、洪钢、胡文柱、徐楠、杨丽彦、黄涛、杨学杰、吴文初、杨欢欢、肖喜生、王涛、任艳玲、李翌婼、夏雪、潘正芝、范佳雪、欧洁、古德明、黄永国、张乃恒、张建强、张智勇、秦立学、钱鹰、龙凯江、娄孝东、潘绪学、高小书、王利君、梁伟、孙武山、郑生刚、陈克芬、何花、邓一、樊嘉、王德璨、徐启运、吴泽汶、俸千惠、胡林、樊筑川、雁飞、宋伟奇、吴笃琴、黎力、李兴文、罗洪士、杨娟、任玉霞。

引 言

0.1 菜点源流

因其形状近似婴儿襁褓而得名。吃法新颖，味道多样。加用鸡蛋摊制的面皮卷包起来，寓意“富贵丝娃娃”，加热鸡汤则为“热汤丝娃娃”，加酸汤则为“酸汤丝娃娃”。

0.2 菜点典型形态示例

丝娃娃 （邬忠芬/制作 潘绪学/摄影）

贵州小吃　丝娃娃烹饪技术规范

1　范围

本文件规定了贵州小吃丝娃娃烹饪技术规范的原料及要求、烹饪设备与工具、制作工艺、盛装、感官要求、最佳食用时间与温度。

本文件适用于贵州小吃丝娃娃的加工烹制，烹饪教育与培训教材。

2　规范性引用文件

下列文件中的内容通过文中的规范性引用而构成本文件必不可少的条款。其中，注日期的引用文件，仅该日期对应的版本适用于本文件；不注日期的引用文件，其最新版本（包括所有的修改单）适用于本文件。

GB 2721《食品安全国家标准　食用盐》

GB 5749《生活饮用水卫生标准》

SB/T 10303《老陈醋质量标准》

NY/T 744《绿色食品　葱蒜类蔬菜》

DBS 52/011《食品安全地方标准　贵州辣椒面》

T/QLY 002《黔菜术语与定义》

3　术语和定义

T/QLY 002界定的术语和定义适用于本文件。

4 原料及要求

4.1 主配料

4.1.1 高筋面粉100 g。

4.1.2 熟莴笋丝50 g。

4.1.3 熟藕丝50 g。

4.1.4 熟海带丝50 g。

4.1.5 熟洋芋丝50 g。

4.1.6 熟绿豆芽50 g。

4.1.7 熟胡萝卜丝50 g。

4.1.8 麻辣豆腐丝50 g。

4.1.9 酸萝卜丝50 g。

4.1.10 黄瓜丝50 g。

4.1.11 折耳根段50 g。

4.1.12 凉面50 g。

4.1.13 蒿头50 g。

4.1.14 脆哨25 g。

4.2 调味料

4.2.1 鲜汤300 mL。

4.2.2 煳辣椒面30 g，应符合DBS 52/011的规定。

4.2.3 盐2 g，应符合GB 2721的规定。

4.2.4 生抽10 mL。

4.2.5 陈醋5 mL，应符合SB/T 10303的规定。

4.2.6 甜酱汁5 mL。

4.3 料头

葱花10 g，应符合NY/T 744的规定。

4.4 加工用水

应符合GB 5749的规定。

5　烹饪设备与工具

5.1　炊具

煎饼锅、平底锅及配套设备。

5.2　器具

菜墩、刀具等。

6　制作工艺

6.1　初加工

6.1.1　把各配料分别切配、焯水、冲水、控干等初步加工处理。

6.1.2　面粉加清水80 mL、盐1 g和匀成稀释黏性度为适的面团，用手不断地搅动直至筋力增强，提起不粘在手上为止，静置饧约20 min。

6.1.3　取每人份的小碗，分别放入鲜汤、煳辣椒、甜酱汁、生抽、陈醋、葱花等，按个人的口味调制蘸水汁。

6.2　烙制

6.2.1　平底锅置小火上烧热，锅底微微抹一点油；手提面坨摊在锅上抹一转，提起面坨，面皮烘干即成面皮，直至全部摊完。

6.2.2　食用时将每张面皮包裹熟莴笋丝、折耳根段、熟藕丝、熟海带丝、熟洋芋丝、黄瓜丝、麻辣豆腐丝、酸萝卜丝、熟绿豆芽、熟胡萝卜丝、蕌头、凉面等配料；一头大一头小，大头馅稍露出头，小头留空，反过来包裹，似棉被中襁褓状，头上放入几颗脆哨，淋入调制好的蘸水即可食用。

7　盛装

7.1　盛装器皿

小碗、骨碟。

7.2 盛装方法

包裹、灌汤。

8 感官要求

8.1 色泽

皮色米白，菜色鲜艳。

8.2 香味

面皮宜人，菜香鲜嫩。

8.3 口味

菜鲜脆爽，蘸汁味美。

8.4 质感

质地有劲，回味悠长。

9 最佳食用时间与温度

小吃包卷好配料灌汤浇淋汁液后，逐个食用时间以不超过20 s为宜，食用温度以常温为宜。

ICS 67.020
CCS H 62

T/QLY

团　体　标　准

T/QLY 073—2021

贵州小吃
遵义豆花面烹饪技术规范

Guizhou Snack: Standard for Cuisine Craftsmanship of
Tofu Noodles, Zunyi Style

2021-09-28发布　　2021-10-01实施

贵州旅游协会　发布

目 次

前　言

本文件按照GB/T 1.1—2020《标准化工作导则　第1部分：标准化文件的结构和起草规则》的规定起草。

本文件由贵州省文化和旅游厅、贵州省商务厅提出。

本文件由贵州旅游协会归口。

本文件起草单位：贵州轻工职业技术学院、遵义市冯家豆花面馆（连锁）、贵州黔厨实业（集团）有限公司、贵州大学后勤管理处饮食服务中心、贵州鼎品智库餐饮管理有限公司、贵州雅园饮食集团、贵阳仟纳饮食文化有限公司·仟纳贵州宴（连锁）、贵州龙海洋皇宫餐饮有限公司·黔味源、贵州亮欢寨餐饮娱乐管理有限公司（连锁）、贵阳四合院饮食有限公司·家香（连锁）、贵州圭鑫酒店管理有限公司、绥阳县黔厨职业技术学校、贵州盗汗鸡餐饮策划管理有限公司、兴义市追味餐饮服务有限公司、国家级秦立学技能大师工作室、贵州省吴茂钊技能大师工作室、贵州省张智勇技能大师工作室、省级·市级钱鹰名师工作室。

本文件主要起草人：吴茂钊、冯其龙、刘黔勋、杨波、洪钢、胡文柱、徐楠、杨丽彦、黄涛、杨学杰、吴文初、杨欢欢、肖喜生、王涛、任艳玲、李翌婼、夏雪、潘正芝、范佳雪、欧洁、古德明、黄永国、张乃恒、张建强、张智勇、秦立学、钱鹰、龙凯江、娄孝东、潘绪学、高小书、王利君、梁伟、孙武山、陈克芬、何花、邓一、樊嘉、王德璨、徐启运、吴泽汶、俸千惠、胡林、樊筑川、雁飞、宋伟奇、吴笃琴、黎力、李兴文、罗洪士、杨娟、任玉霞。

引 言

0.1 菜点源流

中华名小吃遵义豆花面，又名过桥面，分蘸水豆花面和干熘豆花面两种，蘸水豆花面面条用豆浆作为面汤，干熘豆花面另配豆浆。吃豆花面时，必须配有油辣椒肉丁蘸水，加上辅料薄荷叶（鱼香菜），味道香而不辣，色泽红亮。黔菜馆必备，全国大中城市、省内县乡均开设有遵义豆花面馆。

0.2 菜点典型形态示例

遵义豆花面（过桥） （冯其龙/制作 潘绪学/摄影）

遵义豆花面（干熘）　（冯其龙/制作　潘绪学/摄影）

贵州小吃　遵义豆花面烹饪技术规范

1　范围

本文件规定了贵州小吃遵义豆花面烹饪技术规范的原料及要求、烹饪设备与工具、制作工艺、盛装、感官要求、最佳食用时间与温度。

本文件适用于贵州小吃遵义豆花面的加工烹制，烹饪教育与培训教材。

2　规范性引用文件

下列文件中的内容通过文中的规范性引用而构成本文件必不可少的条款。其中，注日期的引用文件，仅该日期对应的版本适用于本文件；不注日期的引用文件，其最新版本（包括所有的修改单）适用于本文件。

GB 1536《菜籽油》

GB 2720《食品安全国家标准　味精》

GB 2721《食品安全国家标准　食用盐》

GB 5749《生活饮用水卫生标准》

GB/T 18186《酿造酱油》

GB/T 30383《生姜》

GB/T 30391《花椒》

NY/T 455《胡椒》

NY/T 744《绿色食品　葱蒜类蔬菜》

SB/T 10303《老陈醋质量标准》

T/QLY 002《黔菜术语与定义》

3　术语和定义

T/QLY 002界定的术语和定义适用于本文件。

4　原料及要求

4.1　主配料

4.1.1　碱水宽刀面200 g。

4.1.2　水豆花150 g。

4.1.3　猪前腿肉30 g。

4.1.4　油酥花生米5 g。

4.2　调味料

4.2.1　糍粑辣椒100 g。

4.2.2　豆瓣酱20 g。

4.2.3　盐1 g，应符合GB 2721的规定。

4.2.4　味精1 g，应符合GB 2720的规定。

4.2.5　胡椒粉2 g，应符合NY/T 455的规定。

4.2.6　花椒面2 g，应符合GB/T 30391的规定。

4.2.7　酱油5 mL，应符合GB/T 18186的规定。

4.2.8　陈醋5 mL，应符合SB/T 10303的规定。

4.2.9　菜籽油250 mL，应符合GB 1536的规定。

4.3　料头

4.3.1　薄荷叶（鱼香菜）3 g。

4.3.2　生姜5 g，应符合GB/T 30383的规定。

4.3.3　蒜瓣3 g，应符合NY/T 744的规定。

4.4　加工用水

应符合GB 5749的规定。

5 烹饪设备与工具

5.1 设备

炒锅、宽水锅及配套设备。

5.2 工具

菜墩、刀具等。

6 制作工艺

6.1 初加工

6.1.1 猪前腿瘦肉去皮洗净，煮熟切成肉丁。

6.1.2 糍粑辣椒、豆瓣酱、生姜、蒜瓣用双刀剁碎成辣椒料。炒锅上火，倒入菜籽油烧至五成热，下入辣椒料炒至辣椒翻沙亮油制成油辣椒。

6.1.3 水豆花用原浆煮透。

6.1.4 薄荷叶（鱼香菜）择洗干净，切成段。

6.2 加工

6.2.1 取一个小碗，依次放入油辣椒、蒜米、盐、味精、花椒面、胡椒粉、酱油、陈醋、熟肉丁、油酥花生米、薄荷叶（鱼香菜）。

6.2.2 宽水锅烧沸，下入宽刀面煮至浮出水面且熟透，用漏兜捞起控干。装入碗中，掺入原浆250 mL，舀入豆花，同油辣碗食用。

7 盛装

7.1 盛装器皿

大口碗。

7.2 盛装方法

倒入、过桥或干熘。

8　感官要求

8.1　色泽

洁白清爽。

8.2　香味

清香浓郁。

8.3　口味

蘸食辣香，回味留存，风味殊特。

8.4　质感

豆花滑嫩，面条柔软。

9　最佳食用时间与温度

面出锅装碗后，食用时间以不超过5 min为宜，食用温度以47～75 ℃为宜。

ICS 67.020
CCS H 62

T/QLY

团 体 标 准

T/QLY 074—2021

贵州小吃
贵州羊肉粉（遵义风味）
烹饪技术规范

Guizhou Snack: Standard for Cuisine Craftsmanship of
Guizhou Mutton Rice Noodles, Zunyi Style

2021-11-19发布 2021-11-22实施

贵州旅游协会 发布

目 次

前　言

本文件按照GB/T 1.1—2020《标准化工作导则　第1部分：标准化文件的结构和起草规则》的规定起草。

本文件由贵州省文化和旅游厅、贵州省商务厅提出。

本文件由贵州旅游协会归口。

本文件起草单位：贵州轻工职业技术学院、闵四遵义羊肉粉馆（连锁）、遵义市红花岗区餐饮行业商会、贵州夏九九餐饮有限公司·九九兴义羊肉粉馆（连锁）、贵州大学后勤管理处饮食服务中心、贵州鼎品智库餐饮管理有限公司、贵州雅园饮食集团、贵阳仟纳饮食文化有限公司·仟纳贵州宴（连锁）、贵州龙海洋皇宫餐饮有限公司·黔味源、贵州亮欢寨餐饮娱乐管理有限公司（连锁）、贵阳四合院饮食有限公司·家香（连锁）、贵州黔厨实业（集团）有限公司、贵州怪噜范餐饮管理有限公司（连锁）、贵州圭鑫酒店管理有限公司、绥阳县黔厨职业技术学校、贵州盗汗鸡餐饮策划管理有限公司、兴义市追味餐饮服务有限公司、国家级秦立学技能大师工作室、贵州省吴茂钊技能大师工作室、贵州省张智勇技能大师工作室、省级·市级钱鹰名师工作室。

本文件主要起草人：吴茂钊、郑火军、龙会水、刘黔勋、杨波、洪钢、胡文柱、徐楠、杨丽彦、黄涛、肖喜生、王涛、任艳玲、李翌婼、夏雪、潘正芝、欧洁、古德明、黄永国、张乃恒、张建强、张智勇、秦立学、钱鹰、龙凯江、娄孝东、潘绪学、高小书、王利君、梁伟、孙武山、陈克芬、何花、邓一、樊嘉、王德璨、徐启运、吴泽汶、俸千惠、胡林、樊筑川、雁飞、宋伟奇、吴笃琴、黎力、李兴文、罗洪士、夏飞、杨娟、李支群、任玉霞。

引 言

0.1 菜点源流

遵义羊肉粉有300余年制作历史，是贵州羊肉粉重要组成部分，用鲜羊肉熬汤，浇米粉，放羊肉片、调料而食。市内大街小巷羊肉粉馆鳞次栉比，遍地开花；省内县乡和全国大中城市均有遵义羊肉粉馆。曾获得第二届“中华名小吃”称号，中国烹饪协会授予遵义市“中国羊肉粉之都”。

0.2 菜点典型形态示例

贵州羊肉粉（遵义风味） （郑火军、龙会水/制作 潘绪学/摄影）

贵州小吃　贵州羊肉粉（遵义风味）烹饪技术规范

1　范围

本文件规定了贵州小吃贵州羊肉粉（遵义风味）烹饪技术规范的原料及要求、烹饪设备与工具、制作工艺、盛装、感官要求、最佳食用时间与温度。

本文件适用于贵州小吃贵州羊肉粉（遵义风味）的加工烹制，烹饪教育与培训教材。

2　规范性引用文件

下列文件中的内容通过文中的规范性引用而构成本文件必不可少的条款。其中，注日期的引用文件，仅该日期对应的版本适用于本文件；不注日期的引用文件，其最新版本（包括所有的修改单）适用于本文件。

GB 1536《菜籽油》

GB 2721《食品安全国家标准　食用盐》

GB 5749《生活饮用水卫生标准》

GB/T 8937《食用猪油》

GB/T 30383《生姜》

GB/T 35883《冰糖》

NY/T 432《绿色食品　白酒》

NY/T 744《绿色食品　葱蒜类蔬菜》

DBS 52/011《食品安全地方标准　贵州辣椒面》

3 术语和定义

下列术语和定义适用于本文件。

4 原料及要求

4.1 主配料

4.1.1 带皮白山羊肉熟片单碗宜25 g。

4.1.2 遵义粗粉（或米皮）单碗宜200 g。

4.1.3 羊骨（100碗计）3 000 g。

4.2 调味料（100碗计）

4.2.1 盐150 g，应符合GB 2721的规定。

4.2.2 香料包120 g。

4.2.3 红干辣椒面1 000 g，应符合DBS 52/011的规定。

4.2.4 白酒100 mL，应符合NY/T 432的规定。

4.2.5 冰糖25 g，应符合GB/T 35883的规定。

4.2.6 茴香12 g。

4.2.7 香草25 g。

4.2.8 熟猪油2 500 mL，应符合GB/T 8937的规定。

4.2.9 羊网油750 g。

4.2.10 熟菜籽油1 500 mL，应符合GB 1536的规定。

4.3 料头

4.3.1 姜块（100碗计）150 g，应符合GB/T 30383的规定。

4.3.2 蒜苗单碗宜5 g，应符合NY/T 744的规定。

4.3.3 香菜单碗宜5 g。

4.4 加工用水

应符合GB 5749的规定。

5 烹饪设备与工具

5.1 设备

汤锅、宽水锅及配套设备。

5.2 工具

菜墩、刀具等。

6 制作工艺

6.1 初加工

6.1.1 带皮白山羊肉（通常整头制作，调配料按照3 kg配备）去骨、切大块洗净，在沸水锅中分别氽透，入汤锅灌水，烧沸，下羊肉、羊骨头，加姜块、冰糖、香料包、白酒，煮90 min，调淡盐。熬成浓汤为羊肉原汤，40 min时取出熟羊肉，晾冷，切成薄片。

6.1.2 羊网油洗干净切成丁，下锅炒出油脂捞起油渣，用双刀把油渣切碎放在边上；锅中加入菜籽油及熟猪油混合后放入香菜根、茴香、香草，红干辣椒面炼制油辣椒及红油（通常集中炼制）。

6.1.3 香菜、蒜苗择洗干净，分别切成香菜段、青蒜花。

6.2 加工

6.2.1 漏粉篼装粗粉（或米皮）在基础汤锅中烫熟，装碗放熟羊肉片、油辣椒、红油、青蒜花、香菜段。

6.2.2 灌入原汤到碗中，上桌，可根据嗜好自行添加盐、味精、酱油、花椒面。

7 盛装

7.1 盛装器皿

浅口马蹄碗。

7.2 盛装方法

倒入，堆码，灌汤。

8 感官要求

8.1 色泽

色泽鲜艳，油亮诱人。

8.2 香味

味浓飘香，煳辣清香。

8.3 口味

汤汁浓郁，麻辣突出。

8.4 质感

羊肉软糯，麻烫鲜香。

9 最佳食用时间与温度

粉装入浅口马蹄碗后，食用时间以不超过8 min为宜，食用温度以57～75 ℃为宜。

ICS 67.020
CCS H 62

T/QLY

团　体　标　准

T/QLY 075—2021

贵州小吃
贵州羊肉粉（兴义风味）
烹饪技术规范

Guizhou Snack: Standard for Cuisine Craftsmanship of
Guizhou Mutton Rice Noodles, Xingyi Style

2021-11-19发布　　2021-11-22实施

贵州旅游协会　发布

目次

前　言

本文件按照GB/T 1.1—2020《标准化工作导则　第1部分：标准化文件的结构和起草规则》的规定起草。

本文件由贵州省文化和旅游厅、贵州省商务厅提出。

本文件由贵州旅游协会归口。

本文件起草单位：贵州轻工职业技术学院、贵州夏九九餐饮有限公司·九九兴义羊肉粉馆（连锁）、闵四遵义羊肉粉馆（连锁）、贵州大学后勤管理处饮食服务中心、贵州鼎品智库餐饮管理有限公司、贵州雅园饮食集团、贵阳仟纳饮食文化有限公司·仟纳贵州宴（连锁）、贵州龙海洋皇宫餐饮有限公司·黔味源、贵州亮欢寨餐饮娱乐管理有限公司（连锁）、贵阳四合院饮食有限公司·家香（连锁）、贵州黔厨实业（集团）有限公司、贵州怪噜范餐饮管理有限公司（连锁）、贵州圭鑫酒店管理有限公司、绥阳县黔厨职业技术学校、贵州盗汗鸡餐饮策划管理有限公司、兴义市追味餐饮服务有限公司、国家级秦立学技能大师工作室、贵州省吴茂钊技能大师工作室、贵州省张智勇技能大师工作室、省级·市级钱鹰名师工作室。

本文件主要起草人：吴茂钊、刘黔勋、杨波、夏飞、王利君、洪钢、胡文柱、徐楠、杨丽彦、黄涛、肖喜生、王涛、任艳玲、李翌婼、夏雪、潘正芝、欧洁、古德明、黄永国、张乃恒、张建强、张智勇、秦立学、钱鹰、龙凯江、娄孝东、潘绪学、高小书、梁伟、孙武山、陈克芬、何花、邓一、樊嘉、王德璨、徐启运、吴泽汶、俸千惠、胡林、樊筑川、雁飞、宋伟奇、吴笃琴、黎力、李兴文、罗洪士、龙会水、郑火军、杨娟、李支群、任玉霞。

引 言

0.1 菜点源流

黔西南三碗粉品牌战略之一、中国羊肉粉之乡兴义特色。当地人称酱香羊肉粉，是贵州羊肉粉的主要风味之一，以独特的酱香味享誉贵州，闻名于世。多以细粉和带皮羊肉片、羊血，碗中配上老麦酱、酸萝卜丁、薄荷等；醋泡小米椒、酱油蒜薹等小菜可取食，多数店家还配有免费小米粥供吃前养胃和餐后清口。

0.2 菜点典型形态示例

贵州羊肉粉（兴义风味） （夏飞/制作 潘绪学/摄影）

贵州小吃　贵州羊肉粉（兴义风味）烹饪技术规范

1　范围

本文件规定了贵州小吃贵州羊肉粉（兴义风味）烹饪技术规范的原料及要求、烹饪设备与工具、制作工艺、盛装、感官要求、最佳食用时间与温度。

本文件适用于贵州小吃贵州羊肉粉（兴义风味）的加工烹制，烹饪教育与培训教材。

2　规范性引用文件

下列文件中的内容通过文中的规范性引用而构成本文件必不可少的条款。其中，注日期的引用文件，仅该日期对应的版本适用于本文件；不注日期的引用文件，其最新版本（包括所有的修改单）适用于本文件。

GB 2721《食品安全国家标准　食用盐》

GB 5749《生活饮用水卫生标准》

GB/T 30383《生姜》

NY/T 744《绿色食品　葱蒜类蔬菜》

NY/T 1885《绿色食品　米酒》

T/QLY 002《黔菜术语与定义》

3 术语和定义

T/QLY 002界定的术语和定义适用于本文件。

4 原料及要求

4.1 主配料

4.1.1 带皮黑山羊肉熟片单碗宜20 g。

4.1.2 羊血旺单碗宜15 g。

4.1.3 兴义细米粉单碗宜200 g。

4.1.4 羊骨（100碗计）3 000 g。

4.2 调味料（100碗计）

4.2.1 盐150 g，应符合GB 2721的规定。

4.2.2 米酒100 mL，应符合NY/T 1885的规定。

4.2.3 香料包80 g。

4.3 料头

4.3.1 姜块（100碗计）150 g，应符合GB/T 30383的规定。

4.3.2 香菜段单碗宜5 g。

4.3.3 葱花单碗宜3 g，应符合NY/T 744的规定。

4.3.4 薄荷叶单碗宜5 g。

4.3.5 酸萝卜丁单碗宜10 g。

4.3.6 兴义麦酱单碗宜20 g。

4.4 加工用水

应符合GB 5749的规定。

5 烹饪设备与工具

5.1 设备

汤锅、宽水锅及配套设备。

5.2 工具

菜墩、刀具等。

6 制作工艺

6.1 初加工

6.1.1 黑山羊去骨（通常整头制作，调配料按照3 kg配备）切成大块，羊骨分别用清水冲净血污，控水，入汤锅；注入纯净水，烧沸撇去浮沫；加入香料包、姜块、米酒，用小火熬3 h至呈淡黄色为佳。40 min时取出羊肉，趁热在两块菜墩中压平羊肉，冷却，切成薄片。

6.1.2 羊血旺切成小薄片，入沸水锅中焯水，捞出用清水浸泡。

6.2 加工

宽水锅烧沸，将细米粉放入竹篼内或漏勺内，烫透，控水，装入浅口马蹄碗内；羊血旺烫10 s左右，盖在粉上，加熟羊肉片、酸萝卜丁、麦酱，撒葱花、香菜段、薄荷叶，舀入羊肉汤。食用时，食客根据口味嗜好，在餐桌上自由添加青蒜花、煳辣椒、盐、酱油、陈醋、味精、花椒面等。

7 盛装

7.1 盛装器皿

浅口马蹄碗。

7.2 盛装方法

倒入、码装、灌汤。

8 感官要求

8.1 色泽

米粉洁白，清爽悦目。

8.2 香味

香气扑鼻，酱香浓郁。

8.3 口味

肉质细嫩，汤鲜味醇。

8.4 质感

肉质细腻，化渣不腻。

9 最佳食用时间与温度

粉装入浅口马蹄碗后，食用时间以不超过8 min为宜，食用温度以57 ~ 75 ℃为宜。

ICS 67.020
CCS H 62

T/QLY

团 体 标 准

T/QLY 076—2021

贵州小吃 贵州羊肉粉（水城风味）烹饪技术规范

Guizhou Snack: Standard for Cuisine Craftsmanship of Guizhou Mutton Rice Noodles, Shuicheng Style

2021-11-19发布 2021-11-22实施

贵州旅游协会 发布

目 次

前　言

本文件按照GB/T 1.1—2020《标准化工作导则　第1部分：标准化文件的结构和起草规则》的规定起草。

本文件由贵州省文化和旅游厅、贵州省商务厅提出。

本文件由贵州旅游协会归口。

本文件起草单位：贵州轻工职业技术学院、贵州大学后勤管理处饮食服务中心、贵州鼎品智库餐饮管理有限公司、贵州雅园饮食集团、贵阳仟纳饮食文化有限公司·仟纳贵州宴（连锁）、贵州龙海洋皇宫餐饮有限公司·黔味源、贵州亮欢寨餐饮娱乐管理有限公司（连锁）、贵阳四合院饮食有限公司·家香（连锁）、贵州黔厨实业（集团）有限公司、贵州怪噜范餐饮管理有限公司（连锁）、贵州圭鑫酒店管理有限公司、绥阳县黔厨职业技术学校、闵四遵义羊肉粉馆（连锁）、贵州夏九九餐饮有限公司·九九兴义羊肉粉馆（连锁）、钟山区德西社区向佳羊肉粉馆、贵州盗汗鸡餐饮策划管理有限公司、兴义市追味餐饮服务有限公司、国家级秦立学技能大师工作室、贵州省吴茂钊技能大师工作室、贵州省张智勇技能大师工作室、省级·市级钱鹰名师工作室。

本文件主要起草人：吴茂钊、刘黔勋、杨波、洪钢、胡文柱、徐楠、杨丽彦、黄涛、肖喜生、王涛、任艳玲、李翌婼、夏雪、潘正芝、欧洁、古德明、黄永国、张乃恒、张建强、张智勇、秦立学、钱鹰、龙凯江、娄孝东、潘绪学、高小书、梁伟、王利君、孙武山、陈克芬、何花、邓一、樊嘉、王德璨、徐启运、吴泽汶、俸千惠、胡林、樊筑川、雁飞、宋伟奇、吴笃琴、黎力、李兴文、罗洪士、龙会水、郑火军、夏飞、赵庭焱、吴远瑜、向东、周飞、杨娟、李支群、任玉霞。

引 言

0.1 菜点源流

1978年，六枝、盘县、水城三个特区组成六盘水市，驻地水城县融多地风味和独特黑山羊做成的水城羊肉粉，以其油辣椒特色风味声名远播，在行政区域变化为钟山区、水城县、盘州市、六枝特区后仍以水城羊肉粉为名遍地开花，是贵州羊肉粉的主要风味之一。

0.2 菜点典型形态示例

贵州羊肉粉（水城风味） （吴远瑜、向东、周飞/制作 潘绪学/摄影）

贵州小吃　贵州羊肉粉（水城风味）烹饪技术规范

1　范围

本文件规定了贵州小吃贵州羊肉粉（水城风味）烹饪技术规范的原料及要求、烹饪设备与工具、制作工艺、盛装、感官要求、最佳食用时间与温度。

本文件适用于贵州小吃贵州羊肉粉（水城风味）的加工烹制，烹饪教育与培训教材。

2　规范性引用文件

下列文件中的内容通过文中的规范性引用而构成本文件必不可少的条款。其中，注日期的引用文件，仅该日期对应的版本适用于本文件；不注日期的引用文件，其最新版本（包括所有的修改单）适用于本文件。

GB 2721《食品安全国家标准　食用盐》

GB 5749《生活饮用水卫生标准》

GB/T 30383《生姜》

T/QLY 002《黔菜术语与定义》

3　术语和定义

T/QLY 002界定的术语和定义适用于本文件。

4 原料及要求

4.1 主配料

4.1.1 黑山羊肉熟片（或熟羊杂片，或熟羊肉羊杂片组合）单碗宜25 g。

4.1.2 水城米粉200 g。

4.1.3 羊骨5 000 g。

4.2 调味料（100碗计）

4.2.1 红油辣椒1 500 g。

4.2.2 盐150 g，应符合GB 2721的规定。

4.2.3 香料包340 g。

4.2.4 味精单碗宜1 g。

4.2.5 花椒粉单碗宜1 g。

4.3 料头

4.3.1 姜块（100碗计）250 g，应符合GB/T 30383的规定。

4.3.2 香菜段单碗宜5 g。

4.4 加工用水

应符合GB 5749的规定。

5 烹饪设备与工具

5.1 设备

汤锅、宽水锅及配套设备。

5.2 工具

菜墩、刀具等。

6 制作工艺

6.1 初加工

6.1.1 黑山羊去骨（通常整头制作，调配料按照5 kg配备）切成大块以及羊杂、羊骨分别用清水冲净血污，控水，入汤锅；注入纯净水，烧沸撇去浮沫；加入香料包、姜块、盐，用小火熬3 h至呈淡黄色为佳。40 min时取出羊肉、羊杂，捞出晾凉，原汤用小火保持温度。

6.1.2　熟羊肉、熟羊杂分别切成薄片。

6.2　加工

6.2.1　宽水锅烧沸，将水城米粉放入竹篼内或漏勺内，烫透，控水，装入浅口马蹄碗内。

6.2.2　将熟羊肉片、熟羊杂片装入浅口马蹄碗中，舀入原汤，加红油辣椒、香菜段、盐、味精、花椒粉。

7　盛装

7.1　盛装器皿

浅口马蹄碗。

7.2　盛装方法

倒入、码装、灌汤。

8　感官要求

8.1　色泽

米粉洁白，清爽悦目。

8.2　香味

香气扑鼻，清香无膻。

8.3　口味

汤清味厚，肉烂鲜香。

8.4　质感

热气腾腾，油红香辣。

9 最佳食用时间与温度

粉装入浅口马蹄碗后，食用时间以不超过8 min为宜，食用温度以57～75 ℃为宜。

ICS 67.020
CCS H 62

T/QLY

团 体 标 准

T/QLY 077—2021

贵州小吃 贵州牛肉粉（花溪风味）烹饪技术规范

Guizhou Snack: Standard for Cuisine Craftsmanship of Guizhou Beef Rice Noodles, Huaxi Style

2021-11-19发布 2021-11-22实施

贵州旅游协会 发布

目 次

前　言

本文件按照GB/T 1.1—2020《标准化工作导则　第1部分：标准化文件的结构和起草规则》的规定起草。

本文件由贵州省文化和旅游厅、贵州省商务厅提出。

本文件由贵州旅游协会归口。

本文件起草单位：贵州轻工职业技术学院、贵州大学后勤管理处饮食服务中心、贵州鼎品智库餐饮管理有限公司、贵州雅园饮食集团、贵阳仟纳饮食文化有限公司·仟纳贵州宴（连锁）、贵州龙海洋皇宫餐饮有限公司·黔味源、贵州亮欢寨餐饮娱乐管理有限公司（连锁）、贵阳四合院饮食有限公司·家香（连锁）、贵州怪噜范餐饮管理有限公司（连锁）、贵州黔厨实业（集团）有限公司、贵州圭鑫酒店管理有限公司、绥阳县黔厨职业技术学校、黔西南州饭店餐饮协会、贵州盗汗鸡餐饮策划管理有限公司、兴义市追味餐饮服务有限公司、兴仁县黔回味张荣彪清真馆、贵州刘半天餐饮管理有限公司、贵州花溪王餐饮有限公司、国家级秦立学技能大师工作室、贵州省吴茂钊技能大师工作室、贵州省张智勇技能大师工作室、省级·市级钱鹰名师工作室。

本文件主要起草人：吴茂钊、杨波、刘黔勋、洪钢、胡文柱、徐楠、杨丽彦、黄涛、肖喜生、王涛、任艳玲、李翌婼、夏雪、潘正芝、欧洁、古德明、黄永国、张乃恒、张建强、张智勇、秦立学、钱鹰、龙凯江、娄孝东、潘绪学、高小书、王利君、梁伟、孙武山、郑生刚、陈克芬、何花、邓一、樊嘉、王德璨、徐启运、吴泽汶、俸千惠、胡林、樊筑川、雁飞、宋伟奇、吴笃琴、黎力、李兴文、罗洪士、王祥、黄进松、林茂永、刘畑吕、马明康、罗福宇、杨帆、杨娟、李支群、任玉霞、王燕峰。

引　言

0.1　菜点源流

贵阳南郊花溪小吃名牌，早已连锁全国，到花溪、到贵州必品小吃。以其爽滑米粉和清片牛肉和红烧牛肉丁著名，通常以加费添加牛杂、牛筋、牛肝和卤鸡蛋、卤豆腐，以及根据爱好添加本地煳辣椒、青花椒粉为特色，店家通常不提供油辣椒。

0.2　菜点典型形态示例

贵州牛肉粉（花溪风味）　　（王燕峰/制作　潘绪学/摄影）

贵州小吃　贵州牛肉粉（花溪风味）烹饪技术规范

1　范围

本文件规定了贵州小吃贵州牛肉粉（花溪风味）烹饪技术规范的原料及要求、烹饪设备与工具、制作工艺、盛装、感官要求、最佳食用时间与温度。

本文件适用于贵州小吃贵州牛肉粉（花溪风味）的加工烹制，烹饪教育与培训教材。

2　规范性引用文件

下列文件中的内容通过文中的规范性引用而构成本文件必不可少的条款。其中，注日期的引用文件，仅该日期对应的版本适用于本文件；不注日期的引用文件，其最新版本（包括所有的修改单）适用于本文件。

GB 2721《食品安全国家标准　食用盐》

GB 5749《生活饮用水卫生标准》

GB/T 30383《生姜》

T/QLY 002《黔菜术语与定义》

3　术语和定义

T/QLY 002界定的术语和定义适用于本文件。

4　原料及要求

4.1　主配料

4.1.1　清片熟牛肉单碗宜10 g。

4.1.2　黄焖牛肉丁单碗宜15 g。

4.1.3　熟牛杂、牛筋丁等多作为加费添加。

4.1.4　花溪米粉单碗宜200 g。

4.1.5　牛大骨（100碗计）3 000 g。

4.1.6　牛板油（100碗计）750 g。

4.2　调味料（100碗计）

4.2.1　八角16 g。

4.2.2　山柰18 g。

4.2.3　草果15 g。

4.2.4　花椒30 g。

4.2.5　桂皮12 g。

4.2.6　胡椒22 g。

4.2.7　砂仁18 g。

4.2.8　香叶30 g。

4.2.9　茴香15 g。

4.2.10　丁香3 g。

4.2.11　香茅草10 g。

4.2.12　盐120 g，应符合GB 2721的规定。

4.2.13　味精30 g。

4.2.14　鸡精50 g。

4.2.15　糖色500 mL。

4.2.16　混合牛油1 000 mL。

4.3　料头

4.3.1　姜块（100碗计）300 g，应符合GB/T 30383的规定。

4.3.2　泡酸莲花白单碗宜10 g。

4.3.3　香菜单碗宜3 g。

4.3.4　葱花单碗宜2 g。

4.4　加工用水

应符合GB 5749的规定。

5　烹饪设备与工具

5.1　设备

汤锅、炖锅及配套设备。

5.2　工具

菜墩、刀具等。

6　制作工艺

6.1　初加工

6.1.1　八角、山柰、草果、花椒、桂皮、胡椒、砂仁、香叶、茴香、丁香、香茅草等香料装入纱布内包扎好。

6.1.2　牛肉（通常整头制作）去骨改成大块，牛大骨敲破，分别用清水冲净血污，控水，入汤锅，注入水，烧沸；加牛板油、姜块、香料包，撇去浮沫，调盐、味精、鸡精，熬3 h制成原汤。

6.1.3　汤锅中一部分的牛肉煮10 min时取出，切成丁，下热油锅中爆炒，掺入原汤，调糖色、盐，加香料包、姜块，焖煨成黄焖牛肉丁。汤锅中的余剩部分牛肉煮40 min时取出，切薄片成熟牛肉清片。

6.1.4　牛筋治净，切成大丁，放入高压锅中，掺入牛肉原汤，加姜块，盖上盖转气用小火压12 min，制成熟牛筋丁。

6.1.5　泡酸莲花白、香菜分别切成小段。

6.2　加工

6.2.1　宽水锅烧沸，下入米粉烫至透心，捞出控水，装入浅口马蹄碗内。

6.2.2　分别码入熟牛肉清片、黄焖牛肉丁，加泡酸莲花白段、香菜段、葱花，舀入原汤，淋入牛油。

6.2.3　食用时，食客根据口味嗜好，在餐桌自由添加青蒜花、煳辣椒、盐、酱油、陈醋、味精、花椒面食用。

7　盛装

7.1　盛装器皿

浅口马蹄碗。

7.2　盛装方法

倒入、码装、灌汤。

8　感官要求

8.1　色泽

米粉洁白，清爽悦目。

8.2　香味

飘香食欲，香醇扑鼻。

8.3　口味

汤味醇厚，辣烫鲜香。

8.4　质感

肉质熟软，米粉爽滑。

9　最佳食用时间与温度

粉装入浅口马蹄碗后，食用时间以不超过8 min为宜，食用温度以57～75 ℃为宜。

ICS 67.020
CCS H 62

T/QLY

团　体　标　准

T/QLY 079—2021

贵州小吃
贵州牛肉粉（兴仁风味）
烹饪技术规范

Guizhou Snack: Standard for Cuisine Craftsmanship of
Guizhou Beef Rice Noodles, Xingren Style

2021-11-19发布　　2021-11-22实施

贵州旅游协会　发布

目　次

前　言

本文件按照GB/T 1.1—2020《标准化工作导则　第1部分：标准化文件的结构和起草规则》的规定起草。

本文件由贵州省文化和旅游厅、贵州省商务厅提出。

本文件由贵州旅游协会归口。

本文件起草单位：贵州轻工职业技术学院、兴仁县黔回味张荣彪清真馆、黔西南州饭店餐饮协会、贵州大学后勤管理处饮食服务中心、贵州鼎品智库餐饮管理有限公司、贵州怪噜范餐饮管理有限公司（连锁）、贵州雅园饮食集团、贵阳仟纳饮食文化有限公司·仟纳贵州宴（连锁）、贵州龙海洋皇宫餐饮有限公司·黔味源、贵州亮欢寨餐饮娱乐管理有限公司（连锁）、贵阳四合院饮食有限公司·家香（连锁）、贵州黔厨实业（集团）有限公司、贵州圭鑫酒店管理有限公司、绥阳县黔厨职业技术学校、贵州盗汗鸡餐饮策划管理有限公司、兴义市追味餐饮服务有限公司、贵州刘半天餐饮管理有限公司、贵阳大掌柜牛肉粉（连锁）、贵阳大掌柜辣子鸡黔味坊餐饮（连锁）、国家级秦立学技能大师工作室、贵州省吴茂钊技能大师工作室、贵州省张智勇技能大师工作室、省级·市级钱鹰名师工作室。

本文件主要起草人：吴茂钊、张荣彪、刘黔勋、杨波、洪钢、胡文柱、徐楠、杨丽彦、黄涛、肖喜生、王涛、任艳玲、李翌婼、夏雪、潘正芝、欧洁、古德明、黄永国、张乃恒、张建强、张智勇、秦立学、钱鹰、龙凯江、娄孝东、潘绪学、高小书、王利君、梁伟、孙武山、郑生刚、陈克芬、何花、邓一、樊嘉、黄长青、陈英、叶春江、王德璨、徐启运、吴泽汶、俸千惠、胡林、樊筑川、雁飞、宋伟奇、吴笃琴、黎力、李兴文、罗洪士、王祥、黄进松、林茂永、刘畑吕、马明康、罗福宇、杨帆、杨娟、李支群、任玉霞。

引　言

0.1　菜点源流

黔西南三碗粉品牌战略之一、中国牛肉粉之乡兴仁特色，因盛产盘江小黄牛而闻名；多为清真烹饪，清汤多为白卤，红汤多糍粑辣椒烧制的贵州红烧牛肉丁；汤质浓厚鲜香，软脆而绵长。

0.2　菜点典型形态示例

贵州牛肉粉（兴仁风味·红汤）　（张荣彪/制作　潘绪学/摄影）

贵州牛肉粉（兴仁风味·清汤）　　（张荣彪/制作　潘绪学/摄影）

贵州小吃　贵州牛肉粉（兴仁风味）烹饪技术规范

1　范围

本文件规定了贵州小吃贵州牛肉粉（兴仁风味）烹饪技术规范的原料及要求、烹饪设备与工具、制作工艺、盛装、感官要求、最佳食用时间与温度。

本文件适用于贵州小吃贵州牛肉粉（兴仁风味）的加工烹制，烹饪教育与培训教材。

2　规范性引用文件

下列文件中的内容通过文中的规范性引用而构成本文件必不可少的条款。其中，注日期的引用文件，仅该日期对应的版本适用于本文件；不注日期的引用文件，其最新版本（包括所有的修改单）适用于本文件。

GB 2721《食品安全国家标准　食用盐》

GB 5749《生活饮用水卫生标准》

GB/T 7652《八角》

GB/T 30383《生姜》

GB/T 30391《花椒》

NY/T 744《绿色食品　葱蒜类蔬菜》

T/QLY 002《黔菜术语与定义》

3 术语和定义

T/QLY 002界定的术语和定义适用于本文件。

4 原料及要求

4.1 主配料

4.1.1 盘江小黄牛熟肉清片或红烧牛肉丁单碗宜25 g。

4.1.2 兴仁米粉单碗宜200 g。

4.1.3 牛大骨（100碗计）3 000 g。

4.2 调味料（100碗计）

4.2.1 干辣椒150 g。

4.2.2 花椒30 g，应符合GB/T 30391的规定。

4.2.3 八角18 g，应符合GB/T 7652的规定。

4.2.4 砂仁35 g。

4.2.5 草果25 g。

4.2.6 小茴香15 g。

4.2.7 盐120 g，应符合GB 2721的规定。

4.2.8 熟糍粑辣椒150 g。

4.2.9 混合油（含精炼油、牛油）500 mL。

4.2.10 牛板油750 g。

4.3 料头

4.3.1 姜块（100碗计）300 g，应符合GB/T 30383的规定。

4.3.2 葱花单碗宜3 g，应符合NY/T 744的规定。

4.3.3 香菜段单碗宜5 g。

4.4 加工用水

应符合GB 5749的规定。

5　烹饪设备与工具

5.1　设备

汤锅、炖锅及配套设备。

5.2　工具

菜墩、刀具等。

6　制作工艺

6.1　初加工

6.1.1　干辣椒、花椒、八角、草果、砂仁、小茴香等香料装入纱布内包扎好。

6.1.2　剥皮牛肉（通常整头制作，调配料按照5 kg配备）去骨，切成大块，汆水，入汤桶，掺入水烧沸，投入牛大骨、牛板油、姜块、香料包熬煮至汤鲜香四溢。

6.1.3　红烧牛肉加工：汤锅中牛肉煮10 min时取出带筋牛肉，切成丁，下热油锅中爆炒，加熟糍粑辣椒炒香，掺入牛骨汤，调盐，加香料包焖煨成红烧牛肉丁。

6.1.4　清汤牛肉加工：汤锅中牛肉煮40 min时取出精牛肉，切薄片成牛肉清片。

6.2　加工

6.2.1　宽水锅烧沸，下入米粉烫至透心，控水，装入浅口马蹄碗内；放入红烧牛肉丁或牛肉清片，放香菜段、葱花，舀入原汤250 mL，淋入混合油。

6.2.2　食用时，可根据自己的口味，在餐桌上自由添加青蒜花、煳辣椒面、油辣椒、盐、酱油、陈醋、味精、花椒粉等。

7 盛装

7.1 盛装器皿

浅口马蹄碗。

7.2 盛装方法

倒入、码装、灌汤。

8 感官要求

8.1 色泽

汤鲜清爽，鲜艳夺目。

8.2 香味

浓厚鲜香，肉香汤美。

8.3 口味

原汤甘醇，粉滑绵韧。

8.4 质感

软脆绵长，老少皆宜。

9 最佳食用时间与温度

粉装入浅口马蹄碗后，食用时间以不超过8 min为宜，食用温度以57 ~ 75 ℃为宜。

ICS 67.020
CCS H 62

T/QLY

团 体 标 准

T/QLY 083—2021

贵州小吃
遵义米皮烹饪技术规范

Guizhou Snack: Standard for Cuisine Craftsmanship of Steamed Rice Roll, Zunyi Style

2021-11-19发布 2021-11-22实施

贵州旅游协会 发布

目 次

前　言

本文件按照GB/T 1.1—2020《标准化工作导则　第1部分：标准化文件的结构和起草规则》的规定起草。

本文件由贵州省文化和旅游厅、贵州省商务厅提出。

本文件由贵州旅游协会归口。

本文件起草单位：贵州轻工职业技术学院、贵州黔厨实业（集团）有限公司、贵州黔厨食品有限公司、贵州黔厨餐饮服务有限公司、绥阳县黔厨职业技术学校、汇川区虹军食府·红军食堂、黔西南晓湘湘餐饮服务有限公司、贵州怪噜范餐饮管理有限公司（连锁）、贵州大学后勤管理处饮食服务中心、贵州鼎品智库餐饮管理有限公司、贵州雅园饮食集团、贵阳仟纳饮食文化有限公司·仟纳贵州宴（连锁）、贵州龙海洋皇宫餐饮有限公司·黔味源、贵州亮欢寨餐饮娱乐管理有限公司（连锁）、贵阳四合院饮食有限公司·家香（连锁）、贵州圭鑫酒店管理有限公司、遵义市红花岗区烹饪协会、遵义市红花岗区餐饮行业商会、贵州盗汗鸡餐饮策划管理有限公司、兴义市追味餐饮服务有限公司、国家级秦立学技能大师工作室、贵州省吴茂钊技能大师工作室、贵州省张智勇技能大师工作室、省级·市级钱鹰名师工作室。

本文件主要起草人：吴茂钊、黄永国、黄进松、林茂永、刘畑吕、马明康、罗福宇、杨帆、刘黔勋、杨波、洪钢、胡文柱、徐楠、杨丽彦、黄涛、肖喜生、王涛、任艳玲、李翌婼、夏雪、潘正芝、欧洁、古德明、张乃恒、张建强、张智勇、秦立学、钱鹰、龙凯江、娄孝东、潘绪学、高小书、王利君、梁伟、孙武山、郑生刚、陈克芬、何花、邓一、樊嘉、王德璨、徐启运、吴泽汶、俸千惠、胡林、樊筑川、雁飞、宋伟奇、吴笃琴、黎力、李兴文、罗洪士、王湘、杨娟、李支群、任玉霞。

引　言

0.1　菜点源流

米皮是以新鲜大米加米饭磨浆，传统方法是浇淋在用白布制成的筛子上，如今多采用不锈钢圆盘，大火蒸熟，取出晾冷，裹成卷。贵阳多切成节呈卷状，称卷粉；遵义切成条，撕开，叫米皮；南部地区用剪刀剪于碗中或锅中，多说成剪粉。卷粉可冷拌，也可热煮后浇汁凉拌或加哨子汤食。遵义米皮成名较早，冷热干拌居多，或用烧熟的肉丁、鸡丁及红辣椒制作的红油浇淋。

0.2　菜点典型形态示例

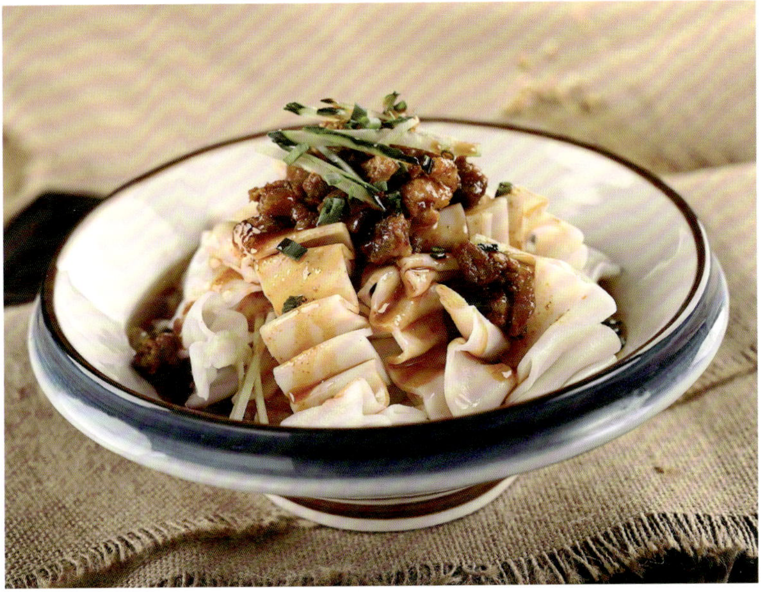

遵义米皮　　（黄永国/制作　潘绪学/摄影）

贵州小吃　遵义米皮烹饪技术规范

1　范围

本文件规定了贵州小吃遵义米皮烹饪技术规范的原料及要求、烹饪设备与工具、制作工艺、盛装、感官要求、最佳食用时间与温度。

本文件适用于贵州小吃遵义米皮的加工烹制，烹饪教育与培训教材。

2　规范性引用文件

下列文件中的内容通过文中的规范性引用而构成本文件必不可少的条款。其中，注日期的引用文件，仅该日期对应的版本适用于本文件；不注日期的引用文件，其最新版本（包括所有的修改单）适用于本文件。

GB 2720《食品安全国家标准　味精》

GB 5749《生活饮用水卫生标准》

GB/T 30391《花椒》

SB/T 10303《老陈醋质量标准》

NY/T 744《绿色食品　葱蒜类蔬菜》

T/QLY 002《黔菜术语与定义》

3　术语和定义

T/QLY 002界定的以及下列术语和定义适用于本文件。

3.1　复制酱油

以红酱油、酱油或生抽、老抽，添加鸡汤、五香料熬煮、浓缩、复制，味浓黏稠，易入味。

3.2　专用红油辣椒

红辣椒粉用热菜籽油烫熟，使用时多油少辣椒。

4　原料及要求

4.1　主配料

4.1.1　米皮300 g。

4.1.2　红烧猪肉丁30 g。

4.2　调味料

4.2.1　姜蒜水10 mL。

4.2.2　专用红油辣椒10 g。

4.2.3　晒麦酱3 g。

4.2.4　花椒面1 g，应符合GB/T 30391的规定。

4.2.5　复制酱油5 mL。

4.2.6　陈醋3 mL，应符合SB/T 10303的规定。

4.2.7　味精2 g，应符合GB 2720的规定。

4.3　料头

4.3.1　绿豆芽10 g。

4.3.2　黄瓜5 g。

4.3.3　酥黄豆5 g。

4.3.4　酥花生米10 g。

4.3.5　葱花3 g，应符合NY/T 744的规定。

4.4　加工用水

应符合GB 5749的规定。

5 烹饪设备与工具

5.1 设备

水锅及配套设施。

5.2 工具

菜墩、刀具等。

6 制作工艺

6.1 初加工

6.1.1 米皮切成2 cm宽的段。

6.1.2 绿豆芽洗净，放入沸水锅中焯透，捞出自然冷却。

6.1.3 黄瓜洗净，切成细丝。

6.2 加工

6.2.1 凉吃将米皮装入浅口马蹄碗内，热吃将米皮在沸水锅中烫热，依次分别放入绿豆芽、黄瓜丝，浇淋姜蒜水、晒麦酱、味精、花椒面、复制酱油、陈醋、红油辣椒，放红烧猪肉丁，撒酥黄豆或花生米、葱花。

6.2.2 食客自行拌食，少有灌汤食用习惯。

7 盛装

7.1 盛装器皿

圆形浅窝盘或浅口马蹄碗。

7.2 盛装方法

堆码、浇淋。

8 感官要求

8.1 色泽

米皮洁白，火红艳丽。

8.2　香味

清香辣香，飘香四溢。

8.3　口味

酱蒜微辣，开胃生津。

8.4　质感

口感细腻，软和韧劲。

9　最佳食用时间与温度

粉装入浅口马蹄碗后，食用时间以不超过10 min为宜，食用温度冷食以自然温度为宜，热食以47 ~ 57 ℃为宜。

ICS 67.020
CCS H 62

T/QLY

团 体 标 准

T/QLY 084—2021

贵州小吃
安龙剪粉烹饪技术规范

Guizhou Snack: Standard for Cuisine Craftsmanship of Hand-made Bean Jelly, Anlong Style

2021-11-19发布 2021-11-22实施

贵州旅游协会 发布

目　次

前　言

本文件按照GB/T 1.1—2020《标准化工作导则　第1部分：标准化文件的结构和起草规则》的规定起草。

本文件由贵州省文化和旅游厅、贵州省商务厅提出。

本文件由贵州旅游协会归口。

本文件起草单位：贵州轻工职业技术学院、黔西南晓湘湘餐饮服务有限公司、贵州黔厨实业（集团）有限公司、贵州黔厨食品有限公司、贵州黔厨餐饮服务有限公司、绥阳县黔厨职业技术学校、贵州大学后勤管理处饮食服务中心、贵州鼎品智库餐饮管理有限公司、贵州雅园饮食集团、贵阳仟纳饮食文化有限公司·仟纳贵州宴（连锁）、贵州龙海洋皇宫餐饮有限公司·黔味源、贵阳四合院饮食有限公司·家香（连锁）、贵州怪噜范餐饮管理有限公司（连锁）、贵州圭鑫酒店管理有限公司、遵义市红花岗区烹饪协会、遵义市红花岗区餐饮行业商会、贵州盗汗鸡餐饮策划管理有限公司、兴义市追味餐饮服务有限公司、国家级秦立学技能大师工作室、贵州省吴茂钊技能大师工作室、贵州省张智勇技能大师工作室、省级·市级钱鹰名师工作室。

本文件主要起草人：吴茂钊、王湘、刘黔勋、杨波、洪钢、胡文柱、徐楠、杨丽彦、黄涛、肖喜生、王涛、任艳玲、李翌婼、夏雪、潘正芝、欧洁、古德明、张乃恒、张建强、张智勇、秦立学、钱鹰、龙凯江、娄孝东、潘绪学、高小书、王利君、梁伟、孙武山、郑生刚、陈克芬、何花、邓一、樊嘉、王德璨、徐启运、吴泽汶、俸千惠、胡林、樊筑川、雁飞、宋伟奇、黄永国、黄进松、林茂永、刘畑吕、马明康、罗福宇、杨帆、杨娟、李支群、任玉霞。

引 言

0.1 菜点源流

黔西南三碗粉品牌战略之一、中国剪粉之乡安龙特色，多以晾吃为主，更高端的吃法是添加油鸡㙡。热吃时，添加肉末、红烧肉等哨子。

0.2 菜点典型形态示例

安龙剪粉　（王湘/制作　潘绪学/摄影）

贵州小吃　安龙剪粉烹饪技术规范

1　范围

本文件规定了贵州小吃安龙剪粉烹饪技术规范的原料及要求、烹饪设备与工具、制作工艺、盛装、感官要求、最佳食用时间与温度。

本文件适用于贵州小吃安龙剪粉的加工烹制，烹饪教育与培训教材。

2　规范性引用文件

下列文件中的内容通过文中的规范性引用而构成本文件必不可少的条款。其中，注日期的引用文件，仅该日期对应的版本适用于本文件；不注日期的引用文件，其最新版本（包括所有的修改单）适用于本文件。

GB 5749《生活饮用水卫生标准》

T/QLY 002《黔菜术语与定义》

3　术语和定义

T/QLY 002界定的术语和定义适用于本文件。

4　原料及要求

4.1　主配料

手工剪粉300 g。

4.2 调味料

4.2.1 番茄（100份计）2 000 g。

4.2.2 白糖（100份计）50 g。

4.2.3 味精0.5 g。

4.2.4 豆腐乳1 g。

4.2.5 红油辣椒20 g。

4.2.6 酱油5 mL。

4.2.7 甜酱汁1 mL。

4.2.8 花椒油1 mL。

4.2.9 蒜水20 mL。

4.3 料头

4.3.1 韭菜20 g。

4.3.2 绿豆芽30 g。

4.3.3 大头菜5 g。

4.3.4 酸菜5 g。

4.3.5 油酥花生10 g。

4.3.6 油酥黄豆5 g。

4.3.7 香菜3 g。

4.3.8 葱花2 g。

4.4 加工用水

应符合GB 5749的规定。

5 烹饪设备与工具

5.1 炊具

特制蒸柜及配套工具。

5.2 器具

剪刀。

6　制作工艺

6.1　初加工

6.1.1　选用当地优质的大米淘洗净，放入清水中浸泡12 h左右，然后用石磨把大米磨成米浆；取1/10米浆倒入锅中煮沸，制成浆糊状的熟芡；将熟芡倒入米浆中搅拌均匀，待用。

6.1.2　番茄洗净，切成碎，入油锅中加白糖炒制成番茄酱。

6.1.3　韭菜洗净，切成一寸段；绿豆芽淘洗净。韭菜段、绿豆芽混合放入沸水锅中汆水，捞出放入凉水的盛器中。

6.1.4　香菜洗净，切成小段；大头菜切成细丝；酸菜切成细碎。

6.2　加工

6.2.1　在长方形蒸盘中刷少许油，舀入一层薄薄的米浆，把蒸盘入蒸柜里，用大火蒸3 min后取出，晾凉即成米粉皮。

6.2.2　取250 g粉皮用剪刀剪成小条，放入碗中，依次分别加入味精、豆腐乳、花椒油、酱油、甜酱汁、番茄酱、蒜水、油酥黄豆、油酥花生、韭菜段、绿豆芽、大头菜丝、酸菜碎、香菜段、葱花、红油辣椒。

7　盛装

7.1　盛装器皿

浅口马蹄碗及圆形深窝盘。

7.2　盛装方法

堆码。

8　感官要求

8.1　色泽

色白如雪，亮丽如新。

8.2 香味

粉香清郁，拌匀食欲。

8.3 口味

口感细腻，香辣适中。

8.4 质感

皮薄如纸，质地柔韧，不易断裂，清凉爽口。

9 最佳食用时间与温度

粉片装盘后，食用时间以不超过10 min为宜，食用温度以常温为宜。

ICS 67.020
CCS H 62

T/QLY

团 体 标 准

T/QLY 086—2021

贵州小吃
贞丰糯米饭烹饪技术规范

Guizhou Snack: Standard for Cuisine Craftsmanship of Zhenfeng Sticky Rice

2021-11-19发布 2021-11-22实施

贵州旅游协会 发布

目 次

前　言

本文件按照GB/T 1.1—2020《标准化工作导则　第1部分：标准化文件的结构和起草规则》的规定起草。

本文件由贵州省文化和旅游厅、贵州省商务厅提出。

本文件由贵州旅游协会归口。

本文件起草单位：贵州轻工职业技术学院、贵州胖四娘食品有限公司、贵州怪噜范餐饮管理有限公司（连锁）、贵州大学后勤管理处饮食服务中心、贵州鼎品智库餐饮管理有限公司、贵州雅园饮食集团、贵阳仟纳饮食文化有限公司·仟纳贵州宴（连锁）、贵州龙海洋皇宫餐饮有限公司·黔味源、贵州亮欢寨餐饮娱乐管理有限公司（连锁）、贵阳四合院饮食有限公司·家香（连锁）、贵州黔厨实业（集团）有限公司、贵州圭鑫酒店管理有限公司、绥阳县黔厨职业技术学校、黔西南州饭店餐饮协会、贵州盗汗鸡餐饮策划管理有限公司、兴义市追味餐饮服务有限公司、国家级秦立学技能大师工作室、贵州省吴茂钊技能大师工作室、贵州省张智勇技能大师工作室、省级·市级钱鹰名师工作室。

本文件主要起草人：吴茂钊、周俊、古德明、黄永国、张乃恒、张建强、张智勇、高小书、梁伟、郭茂江、刘黔勋、杨波、洪钢、胡文柱、徐楠、杨丽彦、黄涛、肖喜生、王涛、任艳玲、李翌婼、夏雪、潘正芝、欧洁、秦立学、钱鹰、龙凯江、娄孝东、潘绪学、陈克芬、何花、邓一、樊嘉、俸千惠、胡林、王德璨、徐启运、樊筑川、雁飞、宋伟奇、吴笃琴、黎力、李兴文、罗洪士、丁美洁、杨娟、李支群、任玉霞。

引 言

0.1 菜点源流

贵州种植糯稻历史悠久，苗族、布依族等少数民族素来嗜好糯食，延续至今的糯米饭，尤以获得中国糯食之乡的贞丰为最。薄片粉嫩鲜腌肉、翠绿葱花一起覆盖在纯白的糯米饭上，堂食配一碗鲜美的汤，软糯爽口，营养丰富，老少皆宜。

0.2 菜点典型形态示例

贞丰糯米饭 （周俊/制作 潘绪学/摄影）

贵州小吃　贞丰糯米饭烹饪技术规范

1　范围

本文件规定了贵州小吃贞丰糯米饭烹饪技术规范的原料及要求、烹饪设备与工具、制作工艺、盛装、感官要求、最佳食用时间与温度。

本文件适用于贵州小吃贞丰糯米饭的加工烹制，烹饪教育与培训教材。

2　规范性引用文件

下列文件中的内容通过文中的规范性引用而构成本文件必不可少的条款。其中，注日期的引用文件，仅该日期对应的版本适用于本文件；不注日期的引用文件，其最新版本（包括所有的修改单）适用于本文件。

GB 2721《食品安全国家标准　食用盐》

GB 5749《生活饮用水卫生标准》

T/QLY 002《黔菜术语与定义》

3　术语和定义

T/QLY 002界定的术语和定义适用于本文件。

4 原料及要求

4.1 主配料

4.1.1 糯米150 g。

4.1.2 腌卤猪肉熟片30 g。

4.2 调味料

4.2.1 盐1 g，应符合GB 2721的规定。

4.2.2 油辣椒5 g。

4.2.3 草果粉（100份计）10 g。

4.2.4 花椒粉（100份计）30 g。

4.2.5 砂仁粉（100份计）15 g。

4.2.6 山柰粉（100份计）10 g。

4.2.7 八角粉（100份计）12 g。

4.2.8 桂皮粉（100份计）8 g。

4.2.9 酱油（100份计）50 mL。

4.2.10 料酒（100份计）30 mL。

4.2.11 猪骨汤（100份计）800 mL。

4.2.12 化猪油（100份计）50 g。

4.3 料头

4.3.1 酸萝卜10 g。

4.3.2 葱花3 g。

4.4 加工用水

应符合GB 5749的规定。

5 烹饪设备与工具

5.1 设备

蒸锅及配套设备。

5.2　工具

菜墩、刀具等。

6　制作工艺

6.1　初加工

6.1.1　猪肉（调配料按照500 g配备）切成大块，放入盛器内，加草果粉、花椒粉、砂仁粉、八角粉、桂皮粉、山柰粉、盐、料酒混合拌匀，夏天腌渍4 h，冬天腌渍8 h。

6.1.2　糯米淘洗干净，用清水夏天浸泡2 h，冬天浸泡4 h后，捞出控水，入笼蒸熟。

6.1.3　酸萝卜切成粗丝；放入盛器内，加油辣椒、葱花搅拌均匀。

6.2　加工

6.2.1　腌渍的猪肉表面洗净，控干，下入烧至五成热的猪油锅中炸呈深红色，捞出控油，晾凉后切成薄片。

6.2.2　将蒸好的糯米饭盛装盆内，把猪骨汤浇在糯米饭上，加盐，用筷子拌匀（使糯米饭搅拌散开）。

6.2.3　锅内放入少量猪油，下入搅拌好的糯米饭炒至收干水分，控油，装入碗内，将肉片放在糯米饭上，放酸萝卜丝、油辣椒，撒葱花，根据口味嗜好加酱油和自制小菜佐食。

7　盛装

7.1　盛装器皿

大碗。

7.2　盛装方法

装入、整码。

8 感官要求

8.1 色泽

色彩艳丽，鲜亮诱人。

8.2 香味

米香浓郁，肉鲜幽香。

8.3 口味

咸鲜味美，软糯适中。

8.4 质感

质地细嫩，油而不腻。

9 最佳食用时间与温度

菜肴出锅后，食用时间以不超过10 min为宜，食用温度以47～57 ℃为宜。

ICS 67.020
CCS H 62

T/QLY

团 体 标 准

T/QLY 088—2021

贵州小吃　社饭烹饪技术规范

Guizhou Snack: Standard for Cuisine Craftsmanship of Sacrificial Food for She Day of Tu Minority

2021-11-19发布　　2021-11-22实施

贵州旅游协会　发布

目 次

前　言

本文件按照GB/T 1.1—2020《标准化工作导则　第1部分：标准化文件的结构和起草规则》的规定起草。

本文件由贵州省文化和旅游厅、贵州省商务厅提出。

本文件由贵州旅游协会归口。

本文件起草单位：贵州轻工职业技术学院、贵州大学后勤管理处饮食服务中心、贵州鼎品智库餐饮管理有限公司、贵州怪噜范餐饮管理有限公司（连锁）、贵州雅园饮食集团、贵阳仟纳饮食文化有限公司·仟纳贵州宴（连锁）、贵州龙海洋皇宫餐饮有限公司·黔味源、贵州亮欢寨餐饮娱乐管理有限公司（连锁）、贵阳四合院饮食有限公司·家香（连锁）、贵州黔厨实业（集团）有限公司、贵州圭鑫酒店管理有限公司、绥阳县黔厨职业技术学校、黔西南州饭店餐饮协会、贵州胖四娘食品有限公司、贵州盗汗鸡餐饮策划管理有限公司、兴义市追味餐饮服务有限公司、国家级秦立学技能大师工作室、贵州省吴茂钊技能大师工作室、贵州省张智勇技能大师工作室、省级·市级钱鹰名师工作室。

本文件主要起草人：吴茂钊、杨波、刘黔勋、丁美洁、吴笃琴、黎力、李兴文、罗洪士、古德明、黄永国、张乃恒、张建强、张智勇、高小书、梁伟、郭茂江、洪钢、胡文柱、徐楠、杨丽彦、黄涛、肖喜生、王涛、任艳玲、李翌婼、夏雪、潘正芝、欧洁、秦立学、钱鹰、龙凯江、娄孝东、潘绪学、陈克芬、何花、邓一、樊嘉、俸千惠、胡林、王德璨、徐启运、樊筑川、雁飞、宋伟奇、周俊、杨娟、李支群、任玉霞。

引 言

0.1 菜点源流

居住在铜仁、黔东南的各族人民，每年清明前一周的“社日”祭祀三年内离世老人必食的“佳节饭”。食用区域较广，配料略有差异，均于节日前上山摘来青蒿、苦蒜，洗净剁碎，放于锅中焙干；腊味炒香；煮饭时，以三分糯米和一分籼米混煮，籼米半熟后方下糯米，然后将米汤滗净，放入青蒿、苦蒜和腊味等搅拌均匀，阴火焖熟。青蒿、苦蒜有特殊的清香，且黏附于饭表，气味渗透其中，腊香浓郁，晶莹透明，油而不腻，香气盈室，妙不可言。

0.2 菜点典型形态示例

铜仁社饭 （丁美洁/制作 潘绪学/摄影）

凯里社饭　　（吴笃琴、黎力/制作　潘绪学/摄影）

贵州小吃 社饭烹饪技术规范

1 范围

本文件规定了贵州小吃社饭烹饪技术规范的原料及要求、烹饪设备与工具、制作工艺、盛装、感官要求、最佳食用时间与温度。

本文件适用于贵州小吃社饭的加工烹制，烹饪教育与培训教材。

2 规范性引用文件

下列文件中的内容通过文中的规范性引用而构成本文件必不可少的条款。其中，注日期的引用文件，仅该日期对应的版本适用于本文件；不注日期的引用文件，其最新版本（包括所有的修改单）适用于本文件。

GB 2721《食品安全国家标准 食用盐》

GB 5749《生活饮用水卫生标准》

T/QLY 002《黔菜术语与定义》

3 术语和定义

T/QLY 002界定的术语和定义适用于本文件。

4 原料及要求

4.1 主配料

4.1.1 白糯米150 g。

4.1.2　籼米100 g。

4.1.3　腊肉（半肥瘦）30 g。

4.1.4　青蒿30 g。

4.2　调味料

4.2.1　盐3 g，应符合GB 2721的规定。

4.2.2　味精1 g。

4.3　料头

4.3.1　豆腐干（或血豆腐）15 g。

4.3.2　豌豆米（凯里风味用）25 g。

4.3.3　油酥花生10 g。

4.3.4　苦蒜5 g。

4.3.5　蒜苗5 g。

4.4　加工用水

应符合GB 5749的规定。

5　烹饪设备与工具

5.1　设备

蒸锅及配套设备。

5.2　工具

菜墩、刀具等。

6　制作工艺

6.1　初加工

6.1.1　糯米、籼米分别淘洗干净；糯米用温水浸泡6 h，捞出控干，籼米放入沸水锅中煮至半生半熟，捞出滤干米汤，待用。

6.1.2　腊肉治净，放入清水锅中煮至断生，捞出晾凉，切成小丁。

6.1.3　青蒿嫩叶洗净切碎，反复揉搓揉出苦水，挤干水分。

6.1.4 豆腐干（或血豆腐）洗净，切成小丁。

6.1.5 苦蒜、蒜苗分别去根须，洗净后切成碎粒。

6.2 加工

6.2.1 炒锅置旺火上，放入油烧至六成热，将豆腐干丁、腊肉丁分别下入油锅中炸至略干，捞出控油。

6.2.2 锅内放入底油，下入青蒿炒干水汽并出香味，加苦蒜粒、蒜苗粒炒至香味，起锅倒入盆内，与泡好的糯米、籼米、腊肉丁、油炸豆腐干（或血豆腐）丁、豌豆米（凯里风味用）、油酥花生、盐、味精混合拌匀，入笼须一层一层摆放，待先放的一层通气后再放第二层，直至放完，用大火蒸至熟透。

7 盛装

7.1 盛装器皿

木桶、木甑。

7.2 盛装方法

装入。

8 感官要求

8.1 色泽

色彩彩丽，晶莹透明。

8.2 香味

腊香野香，香馨盈室。

8.3 口味

咸鲜味美，软糯不腻。

8.4 质感

软糯适中，油而不腻。

9 最佳食用时间与温度

菜肴出锅后，食用时间以不超过10 min为宜，食用温度以47～57 ℃为宜。

ICS 67.020
CCS H 62

T/QLY

团 体 标 准

T/QLY 090—2021

贵州小吃
洋芋粑烹饪技术规范

Guizhou Snack: Standard for Cuisine Craftsmanship of Fried Potato Paste

2021-11-19发布 2021-11-22实施

贵州旅游协会 发布

目　次

前　言

本文件按照GB/T 1.1—2020《标准化工作导则　第1部分：标准化文件的结构和起草规则》的规定起草。

本文件由贵州省文化和旅游厅、贵州省商务厅提出。

本文件由贵州旅游协会归口。

本文件起草单位：贵州轻工职业技术学院、贵州怪噜范餐饮管理有限公司（连锁）、贵州大学后勤管理处饮食服务中心、贵州鼎品智库餐饮管理有限公司、贵州雅园饮食集团、贵阳四合院饮食有限公司·家香（连锁）、贵阳仟纳饮食文化有限公司·仟纳贵州宴（连锁）、贵州龙海洋皇宫餐饮有限公司·黔味源、贵州亮欢寨餐饮娱乐管理有限公司（连锁）、贵州黔厨实业（集团）有限公司、贵州圭鑫酒店管理有限公司、绥阳县黔厨职业技术学校、黔西南州饭店餐饮协会、贵州盗汗鸡餐饮策划管理有限公司、兴义市追味餐饮服务有限公司、国家级秦立学技能大师工作室、贵州省吴茂钊技能大师工作室、贵州省张智勇技能大师工作室、省级·市级钱鹰名师工作室。

本文件主要起草人：吴茂钊、邬忠芬、刘黔勋、杨波、洪钢、胡文柱、徐楠、杨丽彦、黄涛、肖喜生、王涛、任艳玲、李翌婼、夏雪、潘正芝、欧洁、古德明、黄永国、张乃恒、张建强、张智勇、秦立学、钱鹰、龙凯江、娄孝东、潘绪学、高小书、王利君、梁伟、孙武山、郑生刚、陈克芬、何花、邓一、樊嘉、王德璨、徐启运、吴泽汶、俸千惠、胡林、樊筑川、雁飞、宋伟奇、吴笃琴、黎力、李兴文、罗洪士、杨娟、李支群、任玉霞。

引　言

0.1　菜点源流

夜宵小吃，街边最有特色的小吃之一，经怪噜范引进商超餐饮后，在餐厅门口设置烙洋芋粑档口。在保持原味基础上，更具小资格调。多配以脆哨和五香辣椒面食用，也可添加甜面酱和酸萝卜同食。

0.2　菜点典型形态示例

洋芋粑　（邬忠芬/制作　潘绪学/摄影）

贵州小吃　洋芋粑烹饪技术规范

1　范围

本文件规定了贵州小吃洋芋粑烹饪技术规范的原料及要求、烹饪设备与工具、制作工艺、盛装、感官要求、最佳食用时间与温度。

本文件适用于贵州小吃洋芋粑的加工烹制，烹饪教育与培训教材。

2　规范性引用文件

下列文件中的内容通过文中的规范性引用而构成本文件必不可少的条款。其中，注日期的引用文件，仅该日期对应的版本适用于本文件；不注日期的引用文件，其最新版本（包括所有的修改单）适用于本文件。

GB 2721《食品安全国家标准　食用盐》

GB 5749《生活饮用水卫生标准》

NY/T 744《绿色食品　葱蒜类蔬菜》

SB/T 10296《甜面酱》

T/QLY 002《黔菜术语与定义》

3　术语和定义

T/QLY 002界定的术语和定义适用于本文件。

4 原料及要求

4.1 主配料

4.1.1 洋芋300 g。

4.1.2 小脆哨10 g。

4.2 调味料

4.2.1 盐2 g，应符合GB 2721的规定。

4.2.2 五香辣椒面10 g。

4.2.3 温开水稀释甜面酱5 g，应符合SB/T 10296的规定。

4.3 料头

4.3.1 酸萝卜粒10 g。

4.3.2 葱花2 g，应符合NY/T 744的规定。

4.4 加工用水

应符合GB 5749的规定。

5 烹饪设备与工具

5.1 设备

烙锅、平底锅及配套设备。

5.2 工具

菜墩、刀具等。

6 制作工艺

6.1 初加工

6.1.1 洋芋洗净表面泥沙，放入清水锅中煮15 min至半成熟，捞出再放入高压锅内压5 min熟透，取出置凉。

6.1.2 熟洋芋撕去表皮，压碎搅蓉，加盐搅拌均匀制成洋芋泥熟坯。

6.1.3 取洋芋泥100 g放入模具压成2 cm厚的饼状。

6.2 加工

烙锅置中火上，放入熟菜籽油烧热，将洋芋粑逐个下入锅中两面分别烙制2 min至金黄色；捞出装入盛器内撒入酸萝卜粒、五香辣椒面、葱花、甜面酱、脆哨。

7 盛装

7.1 盛装器皿

条纹正方铁板。

7.2 盛装方法

码装，撒调料，浇酱料。

8 感官要求

8.1 色泽

表面焦黄，内呈淡黄。

8.2 香味

焦香浓郁，香气扑鼻。

8.3 口味

质地软糯，咸鲜微辣。

8.4 质感

百姓小吃，传统大众。

9 最佳食用时间与温度

出锅装盘后，食用时间以不超过10 min为宜，食用温度以47 ~ 75 ℃为宜。

ICS 67.020
CCS H 62

T/QLY

团　体　标　准

T/QLY 091—2021

贵州小吃
贵阳烤肉烹饪技术规范

Guizhou Snack: Standard for Cuisine Craftsmanship of Guiyang Barbecue

2021-11-19发布　　2021-11-22实施

贵州旅游协会　发布

目 次

前　言

本文件按照GB/T 1.1—2020《标准化工作导则　第1部分：标准化文件的结构和起草规则》的规定起草。

本文件由贵州省文化和旅游厅、贵州省商务厅提出。

本文件由贵州旅游协会归口。

本文件起草单位：贵州轻工职业技术学院、贵州怪噜范餐饮管理有限公司（连锁）、贵州大学后勤管理处饮食服务中心、贵州鼎品智库餐饮管理有限公司、贵州雅园饮食集团、贵阳四合院饮食有限公司·家香（连锁）、贵阳仟纳饮食文化有限公司·仟纳贵州宴（连锁）、贵州龙海洋皇宫餐饮有限公司·黔味源、贵州亮欢寨餐饮娱乐管理有限公司（连锁）、贵州黔厨实业（集团）有限公司、贵州圭鑫酒店管理有限公司、绥阳县黔厨职业技术学校、黔西南州饭店餐饮协会、贵州盗汗鸡餐饮策划管理有限公司、兴义市追味餐饮服务有限公司、国家级秦立学技能大师工作室、贵州省吴茂钊技能大师工作室、贵州省张智勇技能大师工作室、省级·市级钱鹰名师工作室。

本文件主要起草人：吴茂钊、邬忠芬、刘黔勋、杨波、洪钢、胡文柱、徐楠、杨丽彦、黄涛、肖喜生、王涛、任艳玲、李翌婼、夏雪、潘正芝、欧洁、古德明、黄永国、张乃恒、张建强、张智勇、秦立学、钱鹰、龙凯江、娄孝东、潘绪学、高小书、王利君、梁伟、孙武山、郑生刚、陈克芬、何花、邓一、樊嘉、王德璨、徐启运、吴泽汶、俸千惠、胡林、樊筑川、雁飞、宋伟奇、吴笃琴、黎力、李兴文、罗洪士、杨娟、李支群、任玉霞。

引 言

0.1 菜点源流

贵阳烤肉是从夜市小吃过渡到专门店、商超店常见的地方小吃。新鲜猪肉、猪蹄筋等多种风味现烤，多刷甜酱，撒五香辣椒面后辅助葱花，葱香味突出。

0.2 菜点典型形态示例

贵阳烤肉 （邬忠芬/制作 潘绪学/摄影）

贵州小吃　贵阳烤肉烹饪技术规范

1　范围

本文件规定了贵州小吃贵阳烤肉烹饪技术规范的原料及要求、烹饪设备与工具、制作工艺、盛装、感官要求、最佳食用时间与温度。

本文件适用于贵州小吃贵阳烤肉的加工烹制，烹饪教育与培训教材。

2　规范性引用文件

下列文件中的内容通过文中的规范性引用而构成本文件必不可少的条款。其中，注日期的引用文件，仅该日期对应的版本适用于本文件；不注日期的引用文件，其最新版本（包括所有的修改单）适用于本文件。

GB/T 317《白砂糖》

GB 2721《食品安全国家标准　食用盐》

GB 5749《生活饮用水卫生标准》

NY/T 455《胡椒》

SB/T 10296《甜面酱》

DBS 52/011《食品安全地方标准　贵州辣椒面》

T/QLY 002《黔菜术语与定义》

3　术语和定义

T/QLY 002界定的术语和定义适用于本文件。

4　原料及要求

4.1　主配料（100串计）

猪梅子肉500 g。

4.2　调味料（100串计）

4.2.1　盐2 g，应符合GB 2721的规定。

4.2.2　白糖1 g，应符合GB/T 317的规定。

4.2.3　胡椒粉3 g，应符合NY/T 455的规定。

4.2.4　孜然粉5 g。

4.2.5　蒜粉4 g。

4.2.6　干葱粉4 g。

4.2.7　生辣椒面25 g，应符合DBS 52/011的规定。

4.2.8　红薯芡粉25 g。

4.2.9　温开水稀释甜酱30 g，应符合SB/T 10296的规定。

4.3　料头（100串计）

4.3.1　葱花50 g。

4.3.2　折耳根80 g。

4.4　加工用水

应符合GB 5749的规定。

5　烹饪设备与工具

5.1　设备

炭火炉及配套设备。

5.2　工具

菜墩、刀具等。

6　制作工艺

6.1　初加工

6.1.1　猪肉切成小丁，纳盆中，加盐、白糖、蒜粉、干葱粉、红薯芡粉搅拌至干湿度到能吸附香料不落，不流水为最好，腌渍10 min后，用竹签穿每串5 g左右的串串。

6.1.2　甜酱用温水调稀释制成酱汁；折耳根洗净，切成颗粒状。

6.2　加工

将肉串放在炭火上，用火钳刨开铺成厚度为1.5 ~ 2 cm高的明火炉面上，直接刷油烤制，翻来覆去地烤。边烤边刷油边刷酱汁，肉串看上去油泡翻滚，待肉串烤至九成熟时，及时撒上生辣椒面、孜然粉、胡椒粉，再刷上酱汁，撒入折耳根粒、葱花稍烤一下，起炉即可食用。

7　盛装

7.1　盛装器皿

大圆铁盘。

7.2　盛装方法

码装。

8　感官要求

8.1　色泽

色泽红亮，外焦内嫩。

8.2　香味

酱香四溢，脂香浓郁。

8.3　口味

肉质软嫩，香辣味美。

8.4 质感

入味越嚼，回味悠长。

9 最佳食用时间与温度

离火装盘后，食用时间以不超过8 min为宜，食用温度以47 ~ 75 ℃为宜。

ICS 67.020
CCS H 62

T/QLY

团 体 标 准

T/QLY 092—2021

贵州小吃
雷家豆腐圆子烹饪技术规范

Guizhou Snack: Standard for Cuisine Craftsmanship of
Tofu Ball with Fillings of the Lei Family

2021-11-19发布 2021-11-22实施

贵州旅游协会 发布

目　次

前　言

本文件按照GB/T 1.1—2020《标准化工作导则　第1部分：标准化文件的结构和起草规则》的规定起草。

本文件由贵州省文化和旅游厅、贵州省商务厅提出。

本文件由贵州旅游协会归口。

本文件起草单位：贵州轻工职业技术学院、贵州雅园饮食集团·雷家豆腐圆子（连锁）、贵州鼎品餐饮智库管理有限公司、贵州大学后勤管理处饮食服务中心、贵阳四合院饮食有限公司·家香（连锁）、贵阳仟纳饮食文化有限公司·仟纳贵州宴（连锁）、贵州龙海洋皇宫餐饮有限公司·黔味源、贵州亮欢寨餐饮娱乐管理有限公司（连锁）、贵州怪噜范餐饮管理有限公司（连锁）、贵州黔厨实业（集团）有限公司、贵州圭鑫酒店管理有限公司、绥阳县黔厨职业技术学校、黔西南州饭店餐饮协会、贵州盗汗鸡餐饮策划管理有限公司、兴义市追味餐饮服务有限公司、国家级秦立学技能大师工作室、贵州省吴茂钊技能大师工作室、贵州省张智勇技能大师工作室、省级·市级钱鹰名师工作室。

本文件主要起草人：吴茂钊、邓一、樊嘉、雷鸣、刘海风、刘黔勋、杨波、洪钢、胡文柱、徐楠、杨丽彦、黄涛、肖喜生、王涛、李翌婼、夏雪、欧洁、古德明、黄永国、张乃恒、张建强、张智勇、秦立学、钱鹰、龙凯江、娄孝东、潘绪学、高小书、王利君、梁伟、孙武山、郑生刚、陈克芬、何花、王德璨、徐启运、吴泽汶、俸千惠、胡林、樊筑川、雁飞、宋伟奇、吴笃琴、黎力、李兴文、罗洪士、杨娟、李支群、任玉霞。

引 言

0.1 菜点源流

时间回溯到清朝同治十三年（1874年），同治皇帝驾崩后，朝廷通令全国“禁屠”三天，官民一律不能吃荤。地处西南腹地的贵阳，豆腐作坊的生意变得兴隆起来。以开豆腐作坊为生的雷万铨及其夫人雷刘氏，看准这是个扩大经营的好时机，尝试在做豆腐时加入调料，充分拌匀后，捏成核桃大小的圆子油锅内炸熟出售，堪比肉圆子，一面世即深受贵阳人喜爱，延续至今，持续火爆。

0.2 菜点典型形态示例

雷家豆腐圆子　　（雷鸣/制作　朵朵/摄影）

贵州小吃　雷家豆腐圆子烹饪技术规范

1　范围

本文件规定了贵州小吃雷家豆腐圆子烹饪技术规范的原料及要求、烹饪设备与工具、制作工艺、盛装、感官要求、最佳食用时间与温度。

本文件适用于贵州小吃雷家豆腐圆子的加工烹制，烹饪教育与培训教材。

2　规范性引用文件

下列文件中的内容通过文中的规范性引用而构成本文件必不可少的条款。其中，注日期的引用文件，仅该日期对应的版本适用于本文件；不注日期的引用文件，其最新版本（包括所有的修改单）适用于本文件。

GB 2720《食品安全国家标准　味精》

GB 2721《食品安全国家标准　食用盐》

GB 5749《生活饮用水卫生标准》

GB/T 30391《花椒》

NY/T 744《绿色食品　葱蒜类蔬菜》

T/QLY 002《黔菜术语与定义》

3　术语和定义

T/QLY 002界定的术语和定义适用于本文件。

4 原料及要求

4.1 主配料

酸汤豆腐420 g。

4.2 调味料

4.2.1 盐1.5 g，应符合GB 2721的规定。

4.2.2 味精1 g，应符合GB 2720的规定。

4.2.3 食用碱3 g。

4.2.4 花椒粉2 g，应符合GB/T 30391的规定。

4.2.5 五香粉1.5 g。

4.3 料头

4.3.1 葱花8 g，应符合NY/T 744的规定。

4.3.2 豆腐圆子蘸水，应符合T/QLY 002的规定。

4.4 加工用水

应符合GB 5749的规定。

5 烹饪设备与工具

5.1 炊具

油锅及配套工具。

5.2 器具

砧板、刀具等。

6 制作工艺

6.1 初加工

酸汤豆腐捏碎，装入布袋中，重物压使沥水，按顺序分别调入盐、味精、花椒粉、五香粉、食用碱，搅拌均匀，至豆腐上劲带黏性，再放入葱花，搅拌均匀后密封，放置温度控制在16 ℃内发酵至1 t制成半成品坯料。

6.2 加工

6.2.1　把发酵好的豆腐搓成椭圆形状，按上三个手指印放入盘中，每个圆子重量35 g。下油烧至220 ℃，将圆子放入油锅中，待圆子炸至金黄色漂浮于油面即可，油炸时间5 min。

6.2.2　食用时，将圆子用竹刀划一刀口，用手捏住刀口两端，灌入豆腐圆子辣椒蘸水，整个食用。

7　盛装

7.1　盛装器皿

圆盘、竹编盛器。

7.2　盛装方法

划口、拼装，带辣椒蘸水。

8　感官要求

8.1　色泽

外壳褐黄，内瓤洁白。

8.2　香味

鲜香四溢，香气扑鼻。

8.3　口味

质酥脆嫩，蘸汁爽口。

8.4　质感

飒飒脆响，传统小吃。

9　最佳食用时间与温度

离火装盘后，食用时间以不超过10 min为宜，食用温度以47～75 ℃为宜。

ICS 67.020
CCS H 62

T/QLY

团　体　标　准

T/QLY 096—2021

贵州小吃 贵阳肠旺面烹饪技术规范

Guizhou Snack: Standard for Cuisine Caftsmanship of Guiyang Noodles Seasoned with Diced Pork Intestine and Boiled Blood Curd

2021-11-19发布　　2021-11-22实施

贵州旅游协会　发布

目 次

前　言

本文件按照GB/T 1.1—2020《标准化工作导则　第1部分：标准化文件的结构和起草规则》的规定起草。

本文件由贵州省文化和旅游厅、贵州省商务厅提出。

本文件由贵州旅游协会归口。

本文件起草单位：贵州轻工职业技术学院、贵州鼎品智库餐饮管理有限公司、贵州怪噜范餐饮管理有限公司（连锁）、贵州大学后勤管理处饮食服务中心、贵州雅园饮食集团、贵阳仟纳饮食文化有限公司·仟纳贵州宴（连锁）、贵州龙海洋皇宫餐饮有限公司·黔味源、贵州亮欢寨餐饮娱乐管理有限公司（连锁）、贵阳四合院饮食有限公司·家香（连锁）、贵州黔厨实业（集团）有限公司、贵州圭鑫酒店管理有限公司、绥阳县黔厨职业技术学校、闵四遵义羊肉粉馆（连锁）、贵州盗汗鸡餐饮策划管理有限公司、兴义市追味餐饮服务有限公司、兴义市老杠子面坊餐饮连锁发展有限公司、贵阳市南明区周宇南门口个体面馆、国家级秦立学技能大师工作室、贵州省吴茂钊技能大师工作室、贵州省张智勇技能大师工作室、省级·市级钱鹰名师工作室。

本文件主要起草人：吴茂钊、王利君、刘黔勋、杨波、洪钢、胡文柱、徐楠、杨丽彦、黄涛、肖喜生、王涛、任艳玲、李翌婼、夏雪、潘正芝、欧洁、古德明、黄永国、张乃恒、张建强、张智勇、秦立学、钱鹰、龙凯江、娄孝东、潘绪学、高小书、梁伟、孙武山、陈克芬、何花、邓一、樊嘉、王德璨、徐启运、吴泽汶、俸千惠、胡林、樊筑川、雁飞、宋伟奇、吴笃琴、黎力、李兴文、罗洪士、龙会水、郑火军、舒基霖、杨娟、李支群、任玉霞、黄昕。

引 言

0.1 菜点源流

源自清末贵阳北门桥的肠旺面，贵州人早餐首选之一，也是商旅贵州必吃小吃。其独有的肥肠哨、血旺哨、脆哨、泡哨，搭配脆而不生的鸭蛋面独树一帜，更是中国面条中的佼佼者，享誉国内外。

0.2 菜点典型形态示例

肠旺面 （黄昕/制作 潘绪学/摄影）

贵州小吃　贵阳肠旺面烹饪技术规范

1　范围

本文件规定了贵州小吃贵阳肠旺面烹饪技术规范的原料及要求、烹饪设备与工具、制作工艺、盛装、感官要求、最佳食用时间与温度。

本文件适用于贵州小吃贵阳肠旺面的加工烹制，烹饪教育与培训教材。

2　规范性引用文件

下列文件中的内容通过文中的规范性引用而构成本文件必不可少的条款。其中，注日期的引用文件，仅该日期对应的版本适用于本文件；不注日期的引用文件，其最新版本（包括所有的修改单）适用于本文件。

GB 2707《食品安全国家标准　鲜（冻）畜、禽产品》

GB 2721《食品安全国家标准　食用盐》

GB 2762《食品安全国家标准　食品中污染物限量》

GB 2763《食品安全国家标准　食品中农药最大残留限量》

GB 5749《生活饮用水卫生标准》

GB/T 18186《酿造酱油》

NY/T 1193《姜》

T/QLY 002《黔菜术语与定义》

3 术语和定义

T/QLY 002界定的术语和定义适用于本文件。

4 原料及要求

4.1 主配料

4.1.1 鸭蛋面100 g。

4.1.2 熟肥肠片15 g。

4.1.3 嫩猪血旺片15 g。

4.1.4 脆哨10 g。

4.1.5 豆腐15 g。

4.1.6 绿豆芽10 g。

4.2 调味料

4.2.1 盐1 g，应符合GB 2721的规定。

4.2.2 味精0.5 g。

4.2.3 热鸡汤250 mL。

4.2.4 三合红油15 mL。

4.2.5 花椒（100份计）15 g。

4.2.6 姜片（100份计）50 g，应符合NY/T 1193的规定。

4.2.7 山柰（100份计）20 g。

4.2.8 八角（100份计）15 g。

4.2.9 料酒（100份计）30 g。

4.3 料头

葱花3 g。

4.4 加工用水

应符合GB 5749的规定。

5　烹饪设备与工具

5.1　设备

汤锅、宽水锅及配套设备。

5.2　工具

菜墩、刀具等。

6　制作工艺

6.1　初加工

6.1.1　猪大肠里外洗净，用盐、醋、面粉反复揉搓，将肠壁的黏状物揉净，再用清水反复浸漂，除去腥味，控水，放在木盆或瓷瓦盆中；大肠放入汤锅中加花椒、山柰、八角煮至半成熟，捞出用清水冲凉，控水，切成小段；肥肠段放入砂锅内加姜、葱、山柰、八角、盐，用小火慢炖至熟透，制成熟肥肠片。

6.1.2　猪血旺切成薄片，放入无次数的开水浸泡至无血水为佳，然后再用清水浸泡，制成嫩猪血旺片。

6.1.3　鸭蛋面可用中筋面粉（500 g）过筛置于案台上，中间挖个坑，打入鸭蛋3个，加食用碱4 g、清水45 mL并把周围的面粉慢慢拢过来直到搅拌均匀，用手揉面直至成为表面光滑软硬适中的面团；把面团压扁后扑上均匀的豆粉，并用压面机压至合适厚度，再用切面机切成细面，制成鸭蛋面。

6.1.4　脆哨可用猪五花肉治净，切成小丁，入炒锅中炒至油出略干，加盐、甜酒水，炸出油后用冷水激一下，捞出多余的油，肉哨上放入陈醋、甜酒酿汁，用文火炒至10 min呈棕黑色为好，制成脆哨。

6.1.5　豆腐切成1.5 cm见方的丁，用盐水浸泡片刻，控水，入油锅中炸至呈黄色结壳泡起，控油捞出；炸干豆腐掺入鲜汤，加姜片、山柰、八角、料酒、盐，用文火煨至入味并软嫩，制成泡哨。

6.1.6 三合油可用肠子油、脆哨油、熟菜油按3∶3∶4比例倒入锅中烧热，放入遵义辣椒、花溪辣椒、大方辣椒按照3∶3∶4的比例混合制成糍粑辣椒，炒出香味，加姜米、蒜米、豆腐乳水，用小火熬制成辣椒呈现蟹黄色时，离火浸泡晾凉，取红油。

6.2 加工

6.2.1 宽水锅烧沸，下入鸡蛋面煮至28 s，同时加绿豆芽略烫后一并捞起，装入浅口马蹄碗内。

6.2.2 将嫩猪血旺片用漏勺放入沸水锅中氽一下，控水，放在面上，并加熟肥肠片、泡哨、脆哨，舀入热鸡汤，加盐、味精，淋入三合红油，撒葱花。

6.2.3 食用时，在餐桌上按个人口味添加酱油、陈醋、盐、味精。

7 盛装

7.1 盛装器皿

浅口马蹄碗。

7.2 盛装方法

装入、码装、灌汤。

8 感官要求

8.1 色泽

汤色鲜红，面条深黄。

8.2 香味

香气扑鼻，肉哨香脆。

8.3 口味

辣而不猛，油而不腻，回味悠长。

8.4 质感

面条脆细，肠旺鲜嫩，热气腾腾。

9　最佳食用时间与温度

面装入浅口马蹄碗后，食用时间以不超过8 min为宜，食用温度以57 ~ 75 ℃为宜。

ICS 67.020
CCS H 62

T/QLY

团　体　标　准

T/QLY 097—2021

贵州小吃
杠子面烹饪技术规范

Guizhou Snack: Standard for Cuisine Craftsmanship of
Hand-made Noodles by Rolling Pin

2021-11-19发布　2021-11-22实施

贵州旅游协会　发布

目 次

前　言

本文件按照GB/T 1.1—2020《标准化工作导则　第1部分：标准化文件的结构和起草规则》的规定起草。

本文件由贵州省文化和旅游厅、贵州省商务厅提出。

本文件由贵州旅游协会归口。

本文件起草单位：贵州轻工职业技术学院、兴义市老杠子面坊餐饮连锁发展有限公司、贵州怪噜范餐饮管理有限公司（连锁）、贵州黔厨实业（集团）有限公司、贵州大学后勤管理处饮食服务中心、贵州鼎品智库餐饮管理有限公司、贵州雅园饮食集团、贵阳仟纳饮食文化有限公司·仟纳贵州宴（连锁）、贵州龙海洋皇宫餐饮有限公司·黔味源、贵州亮欢寨餐饮娱乐管理有限公司（连锁）、贵阳四合院饮食有限公司·家香（连锁）、贵州圭鑫酒店管理有限公司、绥阳县黔厨职业技术学校、贵州盗汗鸡餐饮策划管理有限公司、兴义市追味餐饮服务有限公司、国家级秦立学技能大师工作室、贵州省吴茂钊技能大师工作室、贵州省张智勇技能大师工作室、省级·市级钱鹰名师工作室。

本文件主要起草人：吴茂钊、舒基霖、刘黔勋、杨波、洪钢、胡文柱、徐楠、杨丽彦、黄涛、肖喜生、王涛、任艳玲、李翌婼、夏雪、潘正芝、欧洁、古德明、黄永国、张乃恒、张建强、张智勇、秦立学、钱鹰、龙凯江、娄孝东、潘绪学、高小书、王利君、梁伟、孙武山、陈克芬、何花、邓一、樊嘉、王德璨、徐启运、吴泽汶、俸千惠、胡林、樊筑川、雁飞、宋伟奇、吴笃琴、黎力、李兴文、罗洪士、杨娟、李支群、任玉霞。

引　言

0.1　菜点源流

黔西南州“老杠子面坊”完整传承明代《宋氏养生谱》记载，北方称“金丝面”，南方叫“鸡仔面”的传统工艺“杠子面”。获中国名小吃、贵州名小吃、贵州老字号、黔西南百年美食，全蛋无水手工面，商旅兴义必吃美食。

0.2　菜点典型形态示例

杠子面　（舒基霖/制作　潘绪学/摄影）

贵州小吃　杠子面烹饪技术规范

1　范围

本文件规定了贵州小吃杠子面烹饪技术规范的原料及要求、烹饪设备与工具、制作工艺、盛装、感官要求、最佳食用时间与温度。

本文件适用于贵州小吃杠子面的加工烹制，烹饪教育与培训教材。

2　规范性引用文件

下列文件中的内容通过文中的规范性引用而构成本文件必不可少的条款。其中，注日期的引用文件，仅该日期对应的版本适用于本文件；不注日期的引用文件，其最新版本（包括所有的修改单）适用于本文件。

GB 2721《食品安全国家标准　食用盐》

GB 5749《生活饮用水卫生标准》

GB/T 8967《谷氨酸钠（味精）》

GB/T 18186《酿造酱油》

SB/T 10303《老陈醋质量标准》

T/QLY 002《黔菜术语与定义》

3　术语和定义

T/QLY 002界定的术语和定义适用于本文件。

4 原料及要求

4.1 主配料

4.1.1 手工杠子面条100 g。

4.1.2 猪瘦肉丝单份宜15 g。

4.1.3 鸡肉丝单份宜15 g。

4.1.4 脆哨10 g。

4.2 调味料

4.2.1 红油辣椒10 g。

4.2.2 盐1 g，应符合GB 2721的规定。

4.2.3 胡椒粉1 g。

4.2.4 味精1 g，应符合GB/T 8967的规定。

4.2.5 酱油6 mL，应符合GB/T 18186的规定。

4.2.6 陈醋3 mL，应符合SB/T 10303的规定。

4.2.7 清汤220 mL。

4.3 料头

葱花3 g。

4.4 加工用水

应符合GB 5749的规定。

5 烹饪设备与工具

5.1 设备

宽水锅及配套设备。

5.2 工具

菜墩、刀具等。

6　制作工艺

6.1　初加工

6.1.1　杠子面可用中筋面粉（500 g）过筛置于案台上，中间挖个坑，打入鸡蛋9个，加食用碱4 g，将周围的面粉慢慢拢过来直到搅拌均匀，用手揉面直至成为表面光滑软硬适中的面团；把面团压扁后扑上均匀的豆粉，并用杠子人工坐压至合适厚度，再用切面刀切成细面，制成手工杠子面。

6.1.2　清汤可用猪后腿肉1 500 g和白条鸡（母鸡）1只（2 000 g）、猪筒子骨1块、姜块50 g、香葱结30 g，放入汤锅中，注入清水淹没，用大火烧沸，撇去浮沫，转小火炖2 h，加盐调味，保持温度。

6.1.3　原汤锅内的熟猪肉、熟鸡肉捞出晾凉，分别切成丝。

6.2　加工

宽水锅烧沸，手工杠子面条入沸水锅中煮至断生，捞出控水，装入浅口马蹄碗中，舀入原汤，放猪肉丝、鸡肉丝、脆哨、胡椒粉、味精、酱油、陈醋、红油辣椒、葱花即成。

7　盛装

7.1　盛装器皿

大口碗。

7.2　盛装方法

倒入、舀入、码放。

8　感官要求

8.1　色泽

格外清爽。

8.2 香味

清香味醇。

8.3 口味

入口滑脆，汤鲜味醇，咸鲜略辣。

8.4 质感

辅料丰富，面条柔软。

9 最佳食用时间与温度

面出锅装碗后，食用时间以不超过5 min为宜，食用温度以47～75 ℃为宜。